炼油厂设计与工程丛书

炼油厂油品储运设计

丛书主编　李国清
本书主编　孟庆海
本书主审　赵广明

中国石化出版社

内 容 提 要

本书系统地总结了这些年来炼油厂油品储运工艺技术发展的最新成果、设计经验和工业实践。内容包括全厂各种气体和液体的原料、中间原料、中间产品、成品及辅助生产用料(例如各种化学药剂、添加剂)的储存和运输设施、火炬设施、空分设施及全厂工艺热力管网等。

本书可以供从事炼油厂油品储运技术开发、工程设计、生产操作和管理的相关人员阅读与参考。

图书在版编目(CIP)数据

炼油厂油品储运设计/李国清主编;孟庆海分册主编. —北京:中国石化出版社,2017.7
(炼油厂设计与工程丛书)
ISBN 978-7-5114-4616-9

Ⅰ.①炼… Ⅱ.①李… ②孟… Ⅲ.①炼油厂-石油产品-石油与天然气储运 Ⅳ.①TE8

中国版本图书馆 CIP 数据核字(2017)第 190671 号

中国石化出版社出版发行
地址:北京市朝阳区吉市口路 9 号
邮编:100020 电话:(010)59964500
发行部电话:(010)59964526
http://www.sinopec-press.com
E-mail:press@sinopec.com
北京柏力行彩印有限公司印刷
全国各地新华书店经销

*

850×1168 毫米 32 开本 8.5 印张 218 千字
2018 年 1 月第 1 版 2018 年 1 月第 1 次印刷
定价:35.00 元

《炼油厂设计与工程丛书》编委会

《炼油厂油品储运设计》撰稿人

第一章	工艺设计	孟庆海
第二章	原料、中间原料及成品油的储存	孟庆海　张迎恺
第三章	原料及产品的运输	孟庆海
第四章	油品调和	郭新纪
第五章	全厂工艺及热力管网	李凤奇　丘　平
第六章	辅助生产系统	李凤奇
第七章	燃料系统	李凤奇
第八章	化学药剂系统	李凤奇
第九章	安全放空系统	赵广明
第十章	空分装置的设计	王诗庆

前　　言

经过60多年的发展，我国已经成为世界第二炼油大国，国产化技术名列世界前茅，积累了丰富的工程设计建设经验。为了更好地指导生产实验，努力提高炼油水平，更好地为建设世界一流能源化工公司服务，出版该套介绍炼油厂各专业工程设计内容及程序的《炼油厂设计与工程丛书》十分迫切、十分必要。

炼油工业是国民经济的支柱产业之一，我国炼油工业依靠独立自主、自力更生，不断创新和发展，目前总体技术处于世界先进水平，并仍在蓬勃发展中。据统计，2016年我国的原油一次加工能力已达到7.8亿吨，仅次于美国。我国炼油企业和炼油厂的发展步伐明显加快，炼油厂的规模不断扩大，炼化一体化程度不断提高，炼油基地化发展迅速，在国际炼油业中的地位不断提升。截至2017年年底，中国已拥有千万吨级炼厂30座。炼油行业正坚定地走在装置大型化、炼化一体化、发展集约化的道路上。

本丛书共20个分册，系统介绍了有关炼油厂各专业范围的工程设计内容及程度，包括：炼油厂厂址选择及总图、总工艺流程、非工艺类专业领域详细设计技术、管道设计、安全与环保、经济评价等。

本丛书编著工作由一批长期工作在炼油厂设计一线的技术骨干和专家共同完成，他们具有较高的理论水平和丰富的实践经验，因而本丛书内容贴近设计和生产实际，不仅具有新颖性和创新性，而且具有实用价值。

由于参与编写的专业面广，编写人员较多，会在编制内容上出现重复或遗漏，不妥之处请各位读者批评指正。

目　　录

第一章　工艺设计

第一节　总　　则

一、范围

炼油厂油品储运系统的范围包括全厂各种气体和液体的原料、中间原料、中间产品、成品及辅助生产用料(例如各种液体化学药剂和添加剂)的储存和运输设施。如按系统划分可分为：原油和原料系统、中间原料油系统、产品系统、辅助生产系统、燃料系统、化学药剂系统、安全放空系统及空分装置等。如按各系统单元功能划分，具体分项如下：

(1) 储运系统罐区。包括原油罐区、各工艺装置中间原料油罐区、中间产品及调和罐区、成品罐区、自用燃料油罐区、不合格油及污油罐区、各种辅助生产用料罐区等；

(2) 储运系统泵房。包括原油卸车及输送泵房、中间原料油转输泵房、产品调和及灌装泵房、化学药剂泵房、自用燃料油泵房、不合格油及污油泵房等；

(3) 装卸设施。包括水运装卸设施、铁路罐车装卸及清洗设施、汽车罐车装卸设施和油品灌装设施等；

(4) 系统管网。指炼油厂各工艺装置和系统单元及各设施之间的系统管道，包括公用工程管道和厂际管道；

(5) 其他设施。包括火炬及火炬气回收设施、化学药剂设施、液化石油气灌瓶站、自用汽车加油站、空分设施等。

二、设计基础

1. 设计依据

根据设计阶段不同，油品储运设计相应以下列文件和资料作为设计依据：

(1) 设计任务书或可行性研究报告及其批文；

(2) 建设单位与设计单位签订的合同文件(包括设计分工内容)；

(3) 招标工程的标书文件；

(4) 前一阶段设计文件及委托书；

(5) 炼油厂全厂总工艺流程及产品方案和运输方案；

(6) 项目环境评价报告、安全评价报告、职业卫生评价报告、工程建设场地地震安全性评价报告、社会稳定风险评估及其批复文件等；

(7) 主管部门和建设单位对前一阶段设计重大问题的决议(如重要的会议纪要、批复文件等)；

(8) 与有关方面签订的依托社会和现有企业的有关协议；

(9) 企业分期施工、分期投产的安排及其他特殊要求；

(10) 建设单位提供的设计基础(含项目采用的标准规范)；

(11) 其他有关重要文件。

2. 基础资料

设计中应有下列基础资料：

(1) 建厂地区的气象、地质、地形、水文等自然条件资料；

(2) 建厂地区当地政府的法规与特殊要求；

(3) 各种原料、中间原料、中间产品及成品的物性数据；

(4) 各种化学药剂、催化剂、添加剂的品种、规格、包装形式、运输方式以及它们的消耗量、添加量与物性数据；

(5) 原料(包括原油)及产品的进出厂运输量、运输方式、各种运输方式的运输量或所占百分比及运输设备的有关技术资料；

(6) 标书文件中规定或建设单位要求执行的标准规范。

三、工艺设计原则

(1) 油品储运工艺流程应满足全厂总工艺流程不同加工方案

的要求。并要有一定的灵活性，为改变生产方案，增加产品品种，提高产品数量创造条件。

（2）在工程分期投产的情况下，既要对油品储运系统进行统一规划做到整体合理，又要注意各期间的衔接，并能满足分期投产的要求。

（3）储运工艺流程设计既要考虑工艺装置正常生产的情况，又应考虑装置开停工和事故处理时对储运系统的要求。

（4）储运工艺流程，应在保证各种物料及产品的质量和生产操作要求的前提下，力求简化、减少油料周转以降低损耗，还应充分利用地形，实现自抽进料或自流输送。

（5）油品管道的流量应为工艺装置所能达到的最大处理量和储运操作要求来确定，并考虑必要的裕量，与装置连接的管道，装置内外所取的流量应该相同，水力计算应统一进行，管径应力求一致。

（6）采用先进可靠的技术、设备和材料，优化工艺流程，提高经济效益。

（7）合理利用能源，合理确定油品储存温度，减少油品、油气损耗，降低水、电、汽的消耗。

（8）注重环境保护、安全卫生和节能，减少油气排放，尽量避免有害气体直接排入大气，改善作业环境和大气环境。

（9）储运设施尽量集中布置、集中控制，达到便于管理、减少占地、方便运输的目的。

（10）对于炼化一体化项目，应考虑原料互供、成品统一出厂。

第二节　储存系统设计

一、储罐的容量

储罐的容量，直接影响到炼油厂的安全、长周期、满负荷、优质运行。

1. 炼油厂内油品储罐的容量应根据下列因素确定

(1) 进厂原油(原料)、出厂散装液态产品都应设储罐，其容量根据运输方式、运输途径和周转环节确定；

(2) 不同时停工检修的工艺装置之间应设中间原料罐，其容量根据停工检修装置的检修时长及为应对检修而制定的加工方案综合考虑确定；

(3) 同时开工、停工检修的工艺装置之间，根据装置进料方式，装置处理原料的品种和处理方式、原料的储存条件等因素确定。各装置之间的原料罐一般按装置发生小事故情况考虑，中间原料罐储存天数宜为2~4d，各装置之间为直接热进料的，其原料可不设缓冲罐；

(4) 一套装置切换加工两种或两种以上原料时，应设原料储罐，每种原料的储存天数不少于2~3d；

(5) 全厂有数套同类装置或有处理相同原料的不同装置时，其原料罐可考虑共用或互用，其容量可适当减少；

(6) 以文件形式确定的业主对储罐容量的特殊要求。

2. 储罐的容量计算

油品储罐的总容量按下式计算：

$$V = \frac{G \times N}{F} \tag{1-1}$$

式中 V——油品储罐总容量，m^3；

G——油品计算的日储量，m^3/d；

N——油品储存天数，d；

F——储罐装满系数。

1) 各种油品计算日储量(m^3/d)按全厂总工艺流程规定的年处理量或年产量、年操作天数进行计算，可按下列原则确定：

(1) 原油和中间原料油的计算日储量，应按相应装置年操作天数计算的平均日进料量。一般各工艺装置的年开工天数可取350d(渣油加氢处理装置取330d)；

（2）全年连续生产或多组分调和的成品油，年操作天数应为350d；分批或按季节生产的产品，应为该产品的年生产天数。

2）储罐装满系数。

（1）固定顶罐和内浮顶罐：

储罐容积等于大于1000m^3时，取0.90；

储罐容积小于1000m^3时，取0.85。

（2）浮顶罐取0.90。

（3）球罐和卧罐取0.90。

详细工程设计阶段储罐的设计储存液位高度应按国家现行标准《石油化工储运系统罐区设计规范》SH/T 3007计算。

3）各种油品储存天数，应符合有关标准规定的要求。一般可参考本章第二节相关原则进行选取。

二、储罐选型

储罐是炼油厂油品储运系统中的主体设备之一，原料油的接收、储备及成品油的储存、馏分油的输转及调和等，一般都是通过储罐来实现的。

炼油厂常用的地上金属储罐分为立式圆筒形储罐、卧式圆筒形储罐和球形储罐。

1. 立式圆筒形储罐

这种储罐由罐底、罐壁及罐顶组成，罐壁为立式圆筒形结构。根据其罐顶结构的特点又可分为固定顶、浮顶、内浮顶三种型式。

1）固定顶罐：固定顶储罐的罐顶结构有多种型式，目前使用最普遍的为拱顶罐，这种罐顶为球缺形，球缺的半径一般为罐直径的0.8～1.2倍，拱顶本身是承重的构件，有较强的刚性，能承受一定的内部压力，拱顶储罐的承受压力一般为2kPa，由于受到自身结构及经济性的限制，储罐的容量不宜过大，容量大于$1\times10^4m^3$时，多采用网架式拱顶罐，目前拱顶罐的最大容量已达$3\times10^4m^3$。

2）浮顶罐：浮顶储罐的罐顶是一个浮在液面上并随液面升降的盘状结构，浮顶分为双盘式和单盘式两种。双盘式由上、下两层盖板组成，两层盖板之间被分隔成若干个互不相通的隔舱。单盘式浮顶的周边为环形分隔的浮舱，中间为单层钢板。浮顶外缘的环板与罐壁之间有200~300mm的间隙，其间装有固定在浮顶上的密封装置。密封装置的结构型式较多，有机械式、管式以及弹性填料式等。管式和弹性填料式是目前应用较为广泛的密封装置，这种密封装置主要采用软质材料，所以便于浮顶的升降，严密性能较好。为了进一步降低物料静止储存时的蒸发损耗，可在上述单密封的基础上再增加一套密封装置，称之为二次密封。

浮顶结构储罐的容量较大，目前国内已使用最大浮顶储罐的容量达$15\times10^4m^3$。

3）内浮顶罐：内浮顶储罐结构的特点是：在拱顶罐内加一个覆盖在液面上、可随储存介质的液面升降的浮动顶，同时在罐壁的上部增加通风孔，这种储罐与拱顶罐一样，受自身结构及经济性的限制，储罐的容量也不宜过大。

2. 卧式圆筒形储罐

这种储罐由罐壁及端头组成，罐壁为卧式圆筒形结构，端头为椭圆形封头。卧式圆筒形储罐多用于要求承受较高的正压和负压的场合。由于卧式圆筒形储罐结构的限制，容量不大，因而便于在工厂里整体制造，质量也易于保证，运输及现场施工都比较方便，卧式圆筒形储罐的主要不足在于单位容积耗用的钢材较多，此外占地面积也较大。

3. 球形储罐

球形结构的储罐，由于承压的性能良好，单位容积的耗钢量较少，故多用于储存要求承受内压较高，容量较大的介质。罐体可在工厂预制成半成品（组装件），然后运至施工现场进行组装、焊接。这种罐对施工的质量要求比较严格。目前已建成球形储罐的最大容量为$4000m^3$，受自身结构的限制，球形储罐的容量不宜太大。

4. 油品储罐的选型原则

（1）易燃和可燃液体储罐应采用钢制储罐。

（2）液化烃等甲$_A$类液体常温储存应选用压力储罐。如液化石油气、丙烷、丙烯、C_4 等。

（3）储存沸点低于 45℃ 或在 37.8℃ 时饱和蒸气压大于 88kPa 的甲$_B$类液体，应选用压力储罐、低压储罐或降温储存的常压储罐。如轻石脑油、轻汽油（初馏点至 60℃）、戊烷等。

对于压力储罐和低压储罐应采取防止空气进入罐内的措施，罐排出的气体不应排入大气。降温储存时储罐需要设置气体密封保护系统，内浮顶罐储存温度应不大于 88kPa 时的饱和温度，拱顶罐储存温度应低于液体闪点 5℃ 以下，或保持储存温度不大于 88kPa 时的饱和温度并密闭收集处理罐内排出的气体。

（4）储存沸点大于或等于 45℃ 或在 37.8℃ 时饱和蒸气压不大于 88kPa 的甲$_B$、乙$_A$类液体，应选用浮顶罐或内浮顶罐。

如：原油、溶剂油及性质相似的油品，应选用浮顶罐或内浮顶罐。汽油、航空汽油、喷气燃料、轻质芳烃应选用内浮顶罐；灯用煤油可选用内浮顶罐。

（5）有特殊储存需要的甲$_B$、乙$_A$类液体，可选用固定顶罐、低压储罐和容量不大于 $100m^3$ 的卧式罐，但应采取限制罐内气体直接排入大气或控制储存温度低于液体闪点以下 5℃ 的措施。

（6）乙$_B$和丙类液体可选用浮顶罐、内浮顶罐、固定顶罐和卧式罐，卧式罐的容量不宜大于 $100m^3$。如柴油、润滑油、燃料油（重油）及性质相似的油品宜选用固定顶罐。

（7）酸类、碱类宜选用固定顶罐或卧式罐。

（8）液氨常温储存应选用压力储罐。

三、储存温度

为了满足重油的加工、输转、装车、运输作业，对于原油、重柴油、蜡油、油浆、渣油、液体沥青、石蜡及润滑油等的储存要有一定的温度要求。温度过高或过低对生产、节能及油品自身性质都有较大的影响。

1. 确定油品储存温度的原则

1）油品储存温度的确定原则，是依油品的储存、输转等操作情况及油品本身的性质来确定的。

2）油品在罐内较长时间储存时，一般没有一定的储存温度要求，但最低储存温度应比凝点高 5～15℃。原油不得高于初馏点；含水油品其储存温度不得高于 90℃；对于压力储罐储存的油品，其储存温度时的饱和蒸气压应低于储罐的设计压力。

3）油品随时需要输转时，其储存温度必须满足下列要求：

（1）油品的输送温度，应考虑泵吸入操作正常进行，并使油泵输送所耗功率与加热油品所耗能量之和最小。一般在输送温度下，油品的黏度宜小于 $60mm^2/s$；

（2）润滑油成品油的储存，除考虑储存和输送要求外，还应考虑温度过高易造成油品内部添加剂的分解和影响油品质量的特性；

（3）高黏度润滑油成品的储存温度，应满足调和操作的要求；

（4）对于燃料油和常减压渣油，若要考虑油品在油罐中脱水和沉降杂质，油品的储存温度，应为油品黏度达到 $100mm^2/s$ 时的温度，或略低于此温度；

（5）石蜡产品的液体储存温度，不得超过其氧化变质温度。

2. 油品储存温度

根据以上原则油品储存温度推荐值如下：

（1）原油：（凝点+5）～50℃；

（2）苯：高于 7℃低于 40℃；

（3）液化石油气、芳烃、溶剂油、石脑油、汽油、煤油、喷气燃料：≤40℃；

（4）轻质润滑油、电器用油、液压油等：40～60℃；

（5）柴油≤（闪点−5）℃；

（6）重质润滑油：60～80℃；

（7）蜡油、催化裂化和润滑油装置原料油：55~80℃；

（8）催化油浆：≤90℃；

（9）重油(燃料油)：≤90℃(或120~170℃)；

（10）液体沥青：130~180℃；

（11）石蜡：高于熔点15~20℃。

四、储罐内物料加热设计

储运系统的储罐内物料的加热热源，应根据储存温度优先使用低位能的热水或蒸汽。物料在储存过程中的加热温度，应按物料的性质、工艺条件，经经济比较后确定[1]。

为节省热能或保持油品质量，油品不宜在高温条件下长时期储存。需要在较高温下输送的油品，可采用在较低温度下储存，输送时经罐出口局部加热器或罐外加热器升温的方案。

1. 储罐内油品加热温度确定原则

（1）为了防止油品凝固，其加热温度宜比凝点高5~15℃，称此温度为油品的储存温度。

（2）原油的最高加热温度不得高于初馏点。

（3）为满足油品输送要求确定加热温度时，应考虑泵吸入操作能正常进行，并使油泵输油所耗功率与加热油品所耗能量之和最小。

（4）对于黏度较小的油品，在储存温度下能满足输送要求时，加热器的加热温度，可按储存温度计算。

（5）对于黏度较高的油品，加热终温应控制在使油品在管道中处于层流运动的状态。温度过高将形成紊流运动，降低升温得到的降阻效果。

（6）高黏度润滑油成品的加热温度，应满足调和操作的要求。当加热为了脱水或沉降杂质时，加热温度一般为80~85℃。

（7）润滑油、液体石蜡产品的加热温度，不得超过氧化变质的温度。

（8）对于燃料油和常减压渣油，若要考虑油品在油罐中沉降脱水和杂质时，油品的加热温度宜为使油品黏度达到 100mm²/s 时的温度，或略低于此温度。

2. 储存油品的加热设计

高黏度和高凝点原油、燃料油、重柴油和润滑油等，在低温时具有很高的黏度，某些含蜡油品在低温时由于蜡结晶析出，会发生凝固。为了降低油品的黏度，防止油品凝固，提高其流动性，必须对这些油品进行加热。

下列情况应设置油品加热设施：

（1）油品储存的设计温度高于环境温度(历年一月份平均值温度)，不加热无法维持油品储存温度时；

（2）为满足油品储存过程中因调和、脱水、沉降杂质、破乳和输送等生产操作的要求，需要加热升温时；

（3）原油通过长输管道进厂，当炼油厂原油罐区的原油需要返输时，应根据返输需要的油温设置加热设备；

（4）为了加快油品装卸速度时。

立式油罐和金属浮顶油罐加热器应进行设计计算。计算方法见第二章中“四、油品加热设计(二)加热计算”。

3. 加热器设置原则

（1）对于低黏度油品，在储存温度下即能满足输送要求时，则仅在罐内设置维持储存温度的加热器。

（2）若油品黏度较高，仅在罐内维持储存温度不能满足油品输送要求时，则罐内加热器宜按维持储存温度考虑，在罐壁设局部加热器或在出口管道上设换热器，将抽送油品加热至需要的输送温度。在罐内油品黏度不高(50℃黏度小于 70mm²/s)，油品一次送出量不大的情况下，宜用局部加热器。

（3）平时装置之间是直接热进料，罐内需储存小修事故用料时，罐内宜设置仅维持储存温度或输送温度的加热器。

（4）加热器类型的选用，应考虑储存油品所含腐蚀性介质的情况。原油、重油、污油和润滑油罐内的加热管，一般在 3~4a 内就可能发生腐蚀穿孔，这是影响安全生产的一个重要因素，在这种条件下宜选用不会产生水击、方便拆卸检修的加热器(如装于罐壁的U型管加热器等)。

4. 加热介质的选用原则

(1) 选用加热介质时，应防止温度过高造成油品过热或添加剂分解影响油品质量。

(2) 油品储存温度小于90℃时，一般宜采用压力不高于0.3MPa蒸汽，并应尽可能利用装置产生的低压蒸汽。油品储存温度大于120℃时，一般宜采用压力不低于0.6MPa蒸汽。

(3) 当全厂设有利用装置余热产生的热水系统时，若油品储存温度小于50℃，应尽可能优先采用热水作为加热介质。

(4) 当加热高温位油品，采用局部加热器和罐内加热器相结合的方案时，局部加热器若采用压力较高的蒸汽加热，宜将蒸汽分级使用。

5. 油品加热设置温控的原则

(1) 维持温度的油品加热器，宜设置温控，而需要升温的油品加热器应设置温控。

(2) 对于液体蜡、润滑油添加剂和润滑油产品的加热，应设置温控。

五、储运油品的计量

炼油厂油品计量工作包括原油进厂计量、装置与罐区的中间计量、罐区内部输转计量和产品出厂计量四个方面。而原油进厂和成品出厂计量是油品计量工作的重点。

储运系统流量计量原则如下：

(1) 油品计量有流量计、储罐液位、电子汽车衡、电子轨道衡计量等多种方式；

(2) 一般作为油品进出厂的贸易交接计量，计量要求严格，其精度应达到0.2级以上，要求工作性能稳定、可靠。厂内装置之间产品和原料的交接计量，一般精度在0.5级以上即可；

(3) 原油水运进厂可采用油船计量；原油自原油罐区进常减

压蒸馏装置加工、中间原料自原料罐区进装置，储运系统可采用油罐计量；

（4）装置之间直接进料时，系统管道上不设计量仪表；由储运系统罐区供料时，罐区可采用油罐计量；

（5）2 套或 2 套以上的装置（各装置内分别设有流量计）将原料送至储运系统罐区，供一套装置加工且无一定比例要求时，储运系统不考虑分别对每套供料装置所供给的原料进行计量；

（6）若装置送出的组分油通过管道或同时进罐直接混兑为成品油时，储运系统可采用流量计计量；设有组分罐的油品，组分油可在油罐中计量；

（7）成品油管输、水运出厂可采用贸易级流量计计量；铁路罐车出厂一般采用贸易级流量计或电子轨道衡计量；汽车罐车出厂采用贸易级流量计或汽车衡计量；

（8）各种计量仪表的精度应符合国家现行标准《石油化工自动化仪表选型设计规范》SH 3005 的有关要求；

（9）对于送至储运系统罐区的装置不合格品或中间品，储运系统可考虑储罐计量。

第三节　运输系统设计

一、泵站的设计

储运系统中的原料、中间原料、成品和副产品的输转多通过泵站的泵来实现。泵站的建筑形式有泵房、泵棚或露天泵站。

一般极端最低气温低于-30℃的地区应设泵房；极端最低气温在-30～-20℃的地区，应根据输送介质的特点、运行条件及当地气象条件，设泵房；极端最低气温高于-20℃的地区一般不设泵房；历年平均最热月 14 点钟的月平均温度高于 32℃的地区和历年平均年降水量在 1000mm 以上的地区应设泵棚；不必设泵房或泵棚时，可采用露天泵站。

1. 储运系统按作业要求设泵

（1）装卸用泵，一般要求流量大，扬程低。对于沿海装卸油轮用泵其流量可达 1000～3000m^3/h。一般选用单级离心泵，尤其是管道泵用得比较普遍。物料黏度较大时，例如燃料油或减压塔底油。只要其效率黏度换算系数不小于 0.7 时，仍可选用离心泵，否则宜选用螺杆泵。

（2）物料调和用泵，一般多用大流量低扬程的单级离心泵或管道泵。

（3）物料输转用泵，一般多用流量较大、扬程适中的离心泵。厂区之间输转用泵常为扬程较高的多级离心泵。

（4）储罐区抽送底油或清罐用泵一般用抗汽蚀的滑片泵、隔膜泵等容积式泵。

（5）化学药剂如液碱、硫酸等一般用耐腐蚀离心泵。

（6）润滑油多用离心泵或螺杆泵。

（7）铁路洗罐站抽吸底油、热水采用水环式真空泵；油罐车上卸一般采用水环式真空泵或潜油泵。

2. 泵型的选择原则

（1）按离心泵在输送油品及其他介质时的效率换算系数划分，该系数大于或等于 0.7 时，应选用离心泵；在 0.45～0.7 之间，可根据情况选用离心泵或容积式泵；小于 0.45 时应选用容积式泵。

（2）要求有强抽吸性能或输送溶解或夹带气体大于 5%时，宜选用容积式泵。

（3）输送清洁的轻质油品宜选用离心泵。

（4）输送极度、高度危害介质时，宜选用屏蔽泵。

3. 泵台数的设置

一般一种油品、一种用途的泵只设 1 台泵操作。但根据工艺操作的需要，也可采用多台泵串联或并联操作。

1）串联操作泵的设置原则：

（1）当输送系统需要高扬程的泵，而供选用的泵又不能满足要求时，可选用两台相同流量(扬程可不同)的泵串联操作；

(2) 当需要完成2种流量相同而扬程相差较大并间断运行的作业时，可选用2台流量相同扬程不同的泵。2台泵扬程的确定，应考虑2台泵串联操作，能满足高扬程作业的需要；操作其中1台泵，能满足低扬程作业的需要；

(3) 串联操作泵中第二台泵的泵体强度及密封，应考虑因第一台泵输出压力而增加的因素。

2) 并联操作泵的设置原则：

(1) 输送流量大，1台泵不能满足要求；

(2) 对需要设备用泵的大型泵，可选用2台并联操作，另设1台备用泵，共设置3台。其泵的流量均为设计流量的50%；

(3) 短期内流量波动，对工艺操作影响不大的某些工艺操作条件下所采用的大型泵，可选用两台各为65%~70%流量的泵并联操作，可不设备用泵。当1台泵检修时，另1台泵能保证65%~70%的流量；

(4) 输送流量的变化超过1台泵的流量调节范围，需要改变泵的运转台数以完成作业要求时，可根据作业需要选用两台不同或相同流量的泵并联操作；

(5) 泵并联时，应使泵在并联操作或单台运行时的工作点均应处于高效区。

4. 泵的备用原则

(1) 连续操作或在运转中不允许中断的泵应设备用泵。

(2) 输送极度、高度危害介质、腐蚀性介质的泵应设备用泵。

(3) 经常操作但非长时间连续运转的泵不宜专设备用泵，但可与输送介质性质相近且性能符合要求的泵互为备用或共设1台备用泵。当输送同一油品的操作泵超过2台时，一般不宜设备用泵。

(4) 不经常操作或在运转中因故中断不影响生产的泵不应设备用泵。

（5）输送同一种介质，进行同一作业的备用泵只设一台。

5. 倒罐泵的设置原则

（1）倒罐作业用泵宜与油品输送、调和等作业用泵统一考虑，不宜设置大流量的专用倒罐泵。

（2）当原料由装置自抽进料，供装置自抽进料的原料罐区内需设置专用倒罐泵时，其泵流量不宜大于抽料泵的流量。

二、汽车装卸设施

汽车罐车是散装油品公路运输的专用工具，对小宗油品或不通火车、油轮的一些地区，这种运输方法起主要作用。

汽车罐车灌装方法有多种，可采用储罐直接自流灌装、高架罐自流灌装及泵送灌装。当有地形高差可利用时，采用由储罐自流灌装是最经济的，若受地形限制，也可用泵将油品送至高架罐，然后利用高差自流装车，但目前较常采用的是泵送灌装方式，由于采用流量计及电磁阀控制系统，需要的阻力降较大，利用高架罐难于满足要求。

1. 油品的灌装方式

（1）油品灌装汽车油罐车，可采用泵送灌装或高架罐灌装方式。当有地形高差可利用时，宜采用储油罐直接自流灌装方式。

（2）当采用高架罐或利用地形高差自流灌装方式时，灌装罐的高度应满足装油控制计量仪表所需压头、压力降和装油流量的要求。

（3）轻油、重油、润滑油的汽车罐车装车台宜分开设置。

2. 设计要求

（1）根据汽车罐车车型，装油分上部装油和下部装油两种方式，上部装油是油品从罐车顶部的灌油口装入，在我国除液化石油气罐车外，其他油品均采用上部装油。在美国、西欧等地区，则多采用下部装油。

（2）采用顶部装汽油、溶剂油、煤油和轻柴油等油品时，装油鹤管口应深入距槽车罐的底部200mm处。在注入口未被浸没之前，油品初始流速不应大于1m/s，在注入口浸没200mm后，装油速度应满足式(1-2)的要求。

$$VD \leqslant 0.5 \tag{1-2}$$

式中 V——油品流速，m/s；

D——鹤管管径，m。

(3) 采用自流方式灌装汽车罐车时，若设有控制仪表，要注意电动阀、电磁阀和计量仪表等的阻力降。有的电磁阀，要求在阀前液体压力较高才能进行操作，因此，应根据实际采用的仪表、阀件来核算位差是否满足要求。

(4) 泵送装车可根据需要的灌装流量和管路的摩阻损失来选定装车泵。

三、火车装卸设施

1. 铁路槽车的类型

在我国，石油化工产品的运输仍以铁路运输为主。对于石油炼制企业所用的罐车类型按功能分类，主要有轻油罐车、重油罐车、沥青罐车、液化石油气罐车等四种车型。其载重量为30t、50t、60t多种车型，目前国内使用的大多数是50t、60t的车型。每种罐车的结构大体相同，但不同车型的尺寸等数据却有许多差别。

1) 轻油罐车：

该车在装、卸、洗工艺方面的特点是全部为上部装、卸，罐体一般涂成银色。国产G50型50m^{3}轻油罐车，总容积52.5m^3，有效容积50m^3。罐体允许的最高工作压力为0.15MPa(呼吸阀的呼气定压为0.15MPa)，罐体允许最大工作负压为-0.01MPa，(呼吸阀吸气定压为-0.01MPa)。

2) 重油罐车：

重油罐车均有下卸装置和加温装置。装油一般均在上部进行。下卸装置由中心排油阀、侧排油阀和排油管组成。排油管口有螺纹，以便与卸油鹤管的活接头连接，实现卸油操作。加温装置由设在罐体下半部的加温套及蒸汽管道组成，蒸汽管道与卸油台的蒸汽甩头通过带有管螺纹的活接头连接后，打开阀门即可实现对罐体及排油阀的加热；当罐内油品达到所需温度后就可打开排油阀进行自流式卸油。排油管口的螺纹有多种规格，如 G12 型（$50m^3$）车为 M140，G17 型车为 M130×3 等，虽然铁道部 1973 年“路用货车改造规划会议”决定统一采用 M130×3 螺纹，但实际卸油操作时仍需准备多种螺纹规格的活接头。蒸汽管口的螺纹一般均为 2" 管螺纹。

3）沥青罐车：

沥青罐车是沥青运输专用罐车，沥青的装卸作业应在 120～180℃进行，低于 120℃则由于沥青黏度太大，将给卸油造成困难，所以，沥青罐车的保温十分重要，根据中国石化总公司重点科技攻关项目《沥青罐车改进》的要求，原中国石化北京设计院与茂名石油工业公司共同研制的 86-A 及 86-B 型沥青罐车，可使所装沥青（装车时沥青温度不低于 160℃）运行七天后仍能保持 120℃左右，免除了卸车操作中的加热过程，缩短了卸油时间并且节省了加热所用的燃油。

沥青罐车罐体内径 2.6m，有效容积 $50m^3$，罐内设有火管，供罐内沥青加热升温之用，装车采用上部装油，卸车与重油罐车一样采用下卸方式。

4）液化气罐车：

液化气罐车是常温下运载液化气体的罐车，车型较多，一般由炼油厂或化工机械厂生产罐体，再安装在铁路工厂制造的底架上。常见车型有：DLH9、HG100/20、HG60（G60）、G17、HG60-2、HYG_2 型等，其容积有 $110m^3$、$100m^3$、$74m^3$、$60m^3$、$57m^3$、$50m^3$、$36m^3$、$25m^3$ 等多种。较新的车型为 $100m^3$ 和 $110m^3$ 的无底架液化气罐车。

2. 铁路运输的装卸设计基本要求

（1）进出厂铁路列车的车辆数、铁路罐车的型号及其百分数（或铁路罐车的平均有效容积）等，应与铁路管理部门协商确定。

（2）航空汽油和喷气燃料应单独设台并设棚。

（3）丙$_B$类油品、润滑油、液化烃、芳烃及职业性接触毒物和酸碱腐蚀性液体宜单独设台，其余大宗油品可同台装车。

（4）大宗油品的装卸台的每批装卸车数辆，对原油卸车和小鹤管装油台宜按一列车车辆数考虑，一般为双侧装卸车，每侧半列车。最大每侧不得超过一列车；对大鹤管装车台宜按小爬车牵引能力考虑，目前可取12辆。

（5）小宗油品的每天装车批数及每批车的车辆数应与铁路管理部门协商确定。

（6）采用顶部装轻质油品时，装油鹤管口应深入到槽车罐的底部。鹤管出口最低点与罐车底的距离不宜大于200mm。装车鹤管出口未完全浸入油面之前，管口流速应限制在1m/s以内。装车鹤管出口完全浸入油面后，鹤管内的装油速度应满足式(1-3)的要求，小鹤管出口流速不得大于7m/s。大鹤管出口流速可以超过式(1-3)的计算值，但不得大于5m/s。

$$VD \leqslant 0.8 \tag{1-3}$$

式中 V——油品流速，m/s；

D——鹤管管径，m。

四、水运装卸设施

1. 装卸油工艺

油品的装卸工艺流程比较简单，装船流程为：储罐→机泵→计量仪表→输油臂→油轮油舱。卸船流程为：油轮油舱→油轮输油泵→输油臂→计量仪表→储罐。一般情况下从成品油罐向油轮装油，有的炼油厂在向大型油轮装油时，用多台泵抽组分油，经管道调和器和在线质量仪表监控直接装船，国外大型炼油厂有很多这种实例。有的码头卸船不设流量计，而以装船港的计量为准，或油进储罐后以储罐液位计进行计量[1]。

对液化烃的装卸，一般宜设气相返回线，不设置气相返回线时应通过计算确定提高泵出口压力[1]。

2. 水路运输装卸的设计要求

(1) 油品码头的位置，泊位的数量、吨级、高程和布置等应自码头水工设计部门取得资料或与水工设计部门协商确定。

(2) 码头装卸设施的能力应与设计采用的船型吨级相适应。

(3) 装油初速度不大于1m/s，当入口管浸没后，可提高流速，但不应大于7m/s。

(4) 码头应根据国家现行标准《装卸油品码头防火设计规范》JTJ237的要求，按不同分级设计消防设施。

(5) 油品码头是否向油轮供生活用水、燃料和其他给养等应与当地港务局或码头水工设计部门共同商定。

(6) 海港码头的前沿应设有操作间，码头岸上的其他建筑房屋(海关、管理、检验和维修等)应与码头水工设计部门共同商定。

五、铁路罐车的清洗

洗罐站是炼油厂对铁路油罐车进行罐体内部刷洗的设施，以满足炼油厂轻质成品油对所用的罐车内部清洁程度的要求。

原油及重质燃料油一般仅在大修或动火检修时才作刷洗，所以这种罐车的刷洗是在铁路系统的罐车修理厂进行，同时这两种罐车都是专用的，不会改作装载轻质油或润滑油，所以炼油厂洗罐站没有刷洗原油及重质燃料油罐车的任务。轻质油与润滑油罐车一般也不混用。

洗罐站一般应包括下列设施[1]：

(1) 洗罐台、机泵、容器、真空抽残液系统、管道系统及辅助设施；

(2) 洗罐台不宜与装车台同台设置，普洗与特洗亦应分台设置；

(3) 洗罐台及布置在铁路附近的设备，建、构筑物均应符合铁路限界的要求；

(4) 洗罐站的辅助设施一般包括：变配电间、擦(拖)布蒸洗及烘干间、工具间、办公室、休息室、浴室、更衣室、厕所等。

六、油气回收

1. 油气回收系统

炼油厂中真实蒸气压小于100kPa的油品其装卸场所应当设置油气回收装置。油品装卸所产生的油气，从油品出厂到终端销售是一个不可分割的系统，通常在加油站采取密闭卸油和密闭加油，储罐内的油气返回罐车内，加油时汽车油箱内的油气利用真空辅助装置或油箱内的压力返回储罐内；在炼油厂、油库等油品集散地设置油气回收装置，进行油气回收[3]。

2. 油气回收工艺

目前世界上采用的油气回收工艺主要有：吸收法、吸附法、冷凝法和膜分离法。另外还有仅是为了达到环保目的的油气处理方法：氧化法[3]。

1）吸收法：

吸收法油气回收工艺，一般仅限于汽油蒸气的回收，其工艺流程见图1-1。

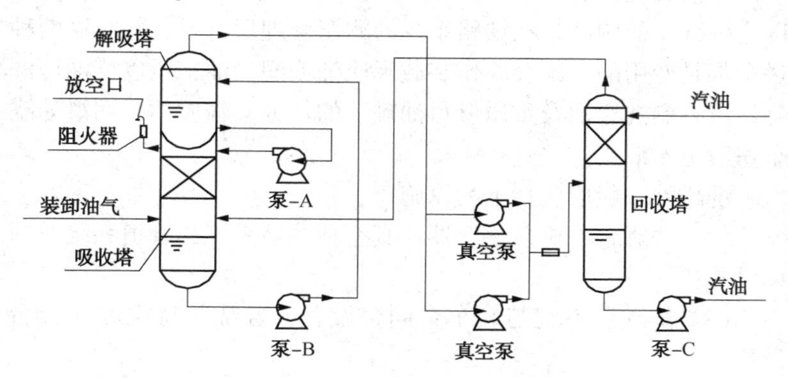

图1-1　吸收法油气回收工艺流程示意图

油品装卸产生的油气进入吸收塔，通过与泵-A送入吸收塔内的吸收液传质过程，80%~90%的汽油被吸收液吸收，贫油空气由排放口排出，吸收液由泵-B 送至解吸塔进行真空解吸，解吸后的吸收液循环使用，解吸气进入回收塔利用成品汽油进行回收，尾气再返回吸收塔重复上述吸收过程。所采用的吸收液通常是煤油或专用吸收液，此工艺方法回收效率低，对于环保要求较高时，很难达到允许的油气排放标准[3]。

2）吸附法：

吸附法油气回收工艺目前使用比较广泛，其工艺流程见图 1-2。

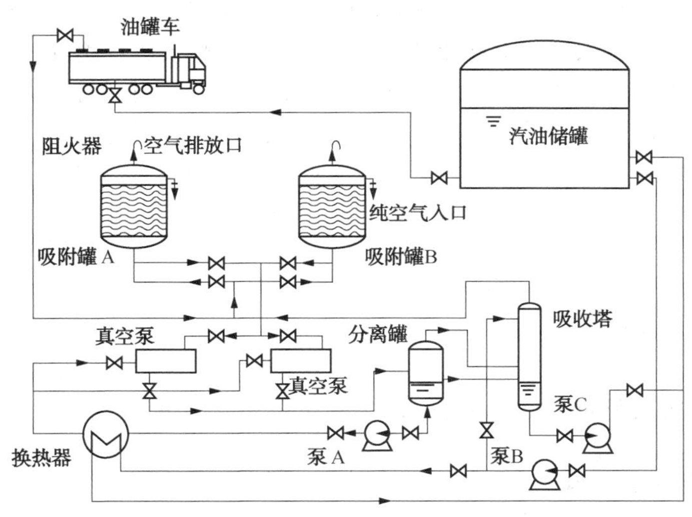

图 1-2　吸附法油气回收工艺流程示意图

吸附法油气回收是利用吸附介质与烃分子的亲合作用，使通过吸附介质的油气中的烃分子吸附于吸附介质的孔隙中，空气不能被吸附，从而达到烃蒸气与空气分离的目的。目前普遍使用的吸附介质是活性炭，装车产生的油气首先进入吸附罐 A(或吸附罐 B)，油气通过吸附罐内的活性炭床，99%以上的烃被活性炭所吸附，贫油空气由吸附罐上部的排放口排出，经过一定时间(此时间决定于允许的油气排放浓度)后吸附罐 A 与吸附罐 B 切换解吸，活性炭油气回收装置通常采用真空解吸，使吸附于活性炭孔隙内的烃在真空状态下挥发，解吸时所需的真空压力取决于本装置允许的油气排放浓度，解吸产生的饱和油气通过分离罐分离，分离后的油气进入汽油吸收塔与成品汽油传质后，约70%的油气被汽油吸收并返回成品汽油储罐，吸收后的尾气再进入吸附罐重复上述油气分离过程，从而达到油气回收的目的[3]。

在吸附法油气回收工艺中，吸附介质主要采用活性炭和活性硅胶，其工艺过程完全相同。吸附介质的解吸除上述的真空解吸外，还可以采用蒸汽解吸，但蒸汽解吸对活性炭会导致温度剧增，如果炭床的温度达到200℃将产生自燃；另外，采用蒸汽解吸需要对炭床进行干燥和冷却，这会造成活性炭损耗增加，解吸后的水蒸汽与油蒸气混合气体需要冷凝分离，同时还将产生一定量的含油污水。所以国外的活性炭油气回收装置普遍采用经济、简单的真空解吸方法。真空解吸可以采用液环真空泵也可以采用干式真空泵(如：螺杆式真空泵)，液环真空泵是利用密封液对泵本身进行冷却，而干式真空泵是单设泵冷却系统，两者没有设备复杂与简单的区别[3]。

3）冷凝法：

冷凝法油气回收工艺应用的也比较普遍，是目前国内外油气回收所采用的主要方法之一[3]，其工艺流程见图1-3。

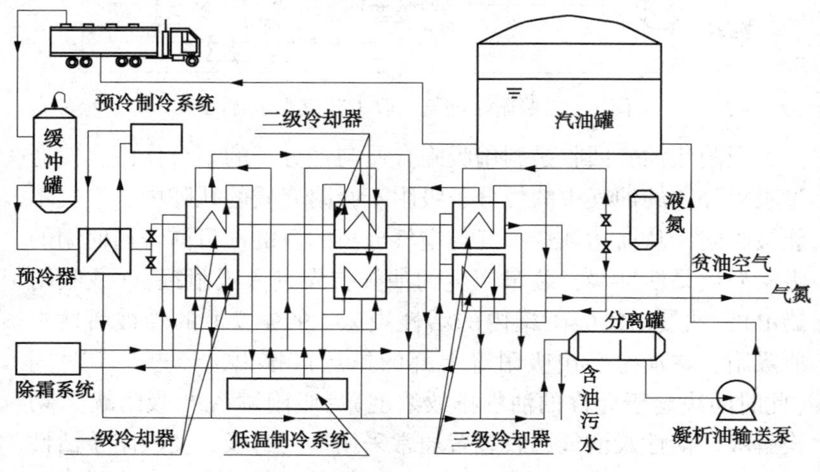

图1-3　冷凝法油气回收工艺流程示意图

冷凝法油气回收工艺是采用多级连续冷却方法，降低油气温度并使之液化以达到油气回收的目的。油气经过预冷器温度降到4℃左右，使油气中的大部分水汽凝结为水而除去(使进入低温冷却器的气体状态稳定，减少装置的运行能耗)，然后油气进入一级冷却器冷却到约-40℃，再进入二级冷却器冷却到约-73℃，经过一级、二级冷却可以使大部分挥发性有机化合物冷凝成为液体回收，排放的贫油空气中的油气浓度能够达到35mg/L的标准。如果要求排放的贫油空气中的油气浓度更低，如20mg/L或10mg/L，则需要对油气进行三级冷却。三级冷却是采用液氮制冷，使油气温度降到-184℃，在此温度下99%的挥发性有机化合物可以得到回收。冷凝下来的油水混合物经过分离罐分离，油品通过泵送回储罐，含有污水排入污水处理系统。

由于一级、二级和三级冷却器的工作温度都在0℃以下，油气中含有的水将在热交换器表面上凝霜，凝霜过厚会影响热交换效率，因而冷凝器需要定期除霜，除霜时间需要1~2h，所以通常设置两套冷凝系统交替工作，以防止停机除霜造成环境污染。

另一种冷凝油气回收工艺，是利用感应式发电机组代替液氮冷却系统，油气经过预冷、一级和二级冷却获得85%~90%的回收率，其余的10%~15%油气用于发电，产生的电能等于或略大于冷凝设备所需的电量，也可将电能并入电网。但其设备造价比深冷工艺高10%~15%。此外，该装置需要一个缓冲罐，以储存在装卸高峰时的大量油气，保证供给油气平稳和避免发电机频繁启动和停机。该装置排放的尾气中油气含量低于1mg/L。

4）膜分离法：

膜分离法油气回收工艺，是传统的压缩、冷凝法与选择性渗透薄膜技术的结合，其工艺流程示意图见图1-4。

由于油气与空气混合物中烃分子与空气分子的大小不同，其在某些薄膜中的渗透速率差异极大，膜分离法油气回收工艺就是利用薄膜这一物理特性来实现烃蒸气与空气的分离。生产操作中产生的油气与空气混合气体，经过压缩机压缩至0.39~

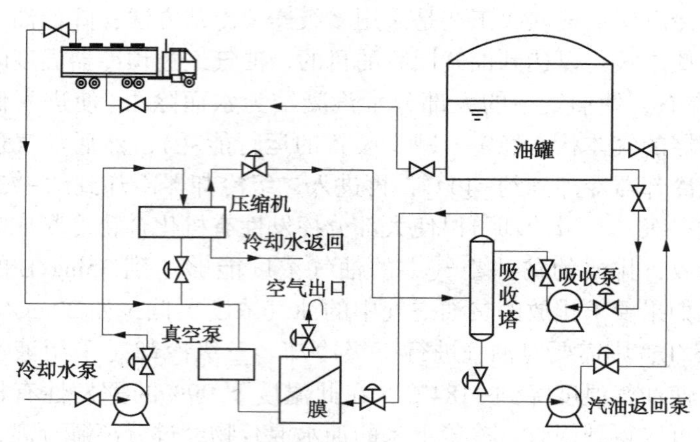

图 1-4　膜分离法油气回收工艺示意图

0.686MPa，同时经过换热，然后混合油气进入吸收塔，进入吸收塔的油气温度在 5～20℃，油气在吸收塔内与成品汽油传质，约 70% 的烃蒸气在这一过程中被回收。吸收塔的尾气再经过薄膜将烃蒸气与空气分离，分离后的油气返回压缩机入口与装卸产生的油气一起重复上述工艺过程，空气排入大气。膜分离法油气回收工艺其回收率可以达到 95%。

上述四种油气回收工艺，目前世界上采用较普遍的是碳吸附法和冷凝法。吸收法油气回收工艺在日本应用较多，膜分离法油气回收工艺目前应用的比较少，在德国和一些少数地区有应用。

吸收法油气回收工艺比较简单，设备投资较低，操作和维修费用基本与碳吸附法相当，由于吸收介质是采用煤油和吸收液，因此没有二次污染的问题。但该工艺的回收效果较差，采用煤油做吸收液仅能达到 80mg/L 的尾气排放标准，如果采用专用吸收液进行吸收基本上可以达到 35mg/L 的尾气排放标准；但由于专用吸收液的使用寿命较短、费用较高，将会增加运行成本。因此，该工艺方法仅适于油气排放控制要求不高地区。

吸附法油气回收工艺与吸收法油气回收工艺十分相似，其不同点仅是采用活性炭代替了吸收液。工艺流程比较简单，对于相对分子质量在40~130的烃类气体回收率高，其排放尾气中含油气量可以达到10mg/L以下。活性炭的使用寿命在5~15a，其寿命长短取决于填装技术、解吸技术和活性炭本身的质量优劣。由于吸附法油气回收装置的转动设备较多，以及炭床需要频繁解吸，因此其维修量略大于其他工艺方法的油气回收装置；活性炭油气回收装置还有一个特性值得注意，就是当环境湿度过大时，其吸附能力有所降低。另外，报废的活性炭需要妥善处理，否则会对环境造成污染。

冷凝法油气回收工艺相对于其他油气回收工艺较复杂，单纯的制冷剂冷却，仅能使排放的贫油空气中的油气浓度能够达到35mg/L水平；如果要达到10mg/L的环保要求，则需要液氮冷却或采用尾气发电装置，这样会带来运行及维修费用增加的问题。该工艺的优点在于操作简单，适用范围广，维修量小。冷凝法油气回收装置运行时，会产生一定量的含油污水需要处理，环境温度的高低也会影响装置的运行费用。

膜分离法油气回收工艺操作简单，适用范围广，对环境不存在二次污染的问题，但装置造价较高，经济性远不如前几种工艺方法。

对于汽油装卸产生的油气量可取装油量的1.1~1.2倍标准立方米体积，确定油气回收装置能力时，不应按全部装卸鹤管同时工作考虑油气量，宜按平均装卸量确定油气回收装置的能力。

第二章　原料、中间原料及成品油的储存

第一节　原油、原料的储存

一、储存天数的确定

1. *原油储存天数*

原油储罐的储存量以储存天数表示，一天的储存量即为装置每操作日的进料量。根据原油运输方式的不同，在现行标准《石油化工储运系统罐区设计规范》SH/T 3007 中规定了储罐的储存天数。一般情况如下：

（1）炼油厂位于油田附近或原油储备库附近，可用管道输送原油至厂内储罐时，储存天数可取 5～7d；

（2）利用铁路罐车运输原油进厂，一般以 15d 为宜；

（3）原油利用水运进厂，国内原油一般可取 20d 左右；

（4）远洋油轮运输原油进厂，或采用单点系泊进行卸船作业的企业，其储存天数应大于 30d。同时厂内原油罐的总容量应大于一次卸船量；

（5）工程招标文件要求的储存天数。

2. *原料储存天数*

原料储罐的总容量一般以储存天数表示，其每天储存量为加工装置每操作日的进料量。对外来原料储存天数可按表 2－1 确定。

表 2-1 原料油储存天数[6]

进厂方式	储存天数/d	备注
管道输送	5~10	
公路运输	7~10	
铁路运输	10~20	
内河及近海运输	15~20	储罐总容量应同时满足装置连续生产和一次卸船量的要求
远洋运输	≥30	

注：1. 如有中转库时，其储罐容量应包括在总容量内。

2. 进口原油(原料)或特殊原料，其储存天数不宜少于 30d，但不宜多于 60d。

二、储罐个数的确定

1. 原油储罐的设置

1）原油水运进厂时储罐的设置方案：

（1）当码头与厂区的距离较远时，一般宜在码头附近设部分储罐。码头所设储罐与厂内所设储罐的容量和个数，应根据一次卸船量、码头与厂的距离、多种原油的调和操作要求及原油性质等因素，在技术经济方案比较的基础上，统一规划设置，二者之和应满足表 2-1 原料油储存天数选用表的要求。

（2）当码头与厂区的距离较近，船上所配卸船泵能满足输送所需要的扬程时，码头附近可不设储罐，仅在厂内设置需要的储罐，用卸船泵将原油直接送至厂内原油储罐。应落实船上所配卸船泵的扬程，尽可能采用此方案。

2）原油通过铁路罐车或长输管道进厂时，仅在厂内设置需要的储罐。

3）确定原油罐个数时，应考虑原油进厂运输方式、加工原油品种数量和加工方案：

（1）加工一种原油时，在正常操作情况下，为满足收油、升温、沉降切水、计量、分析、供油的需要，设 3 个罐即可满足生产要求。若储罐规格和建罐条件受到限制、升温、沉降切水要求时间较长并考虑储罐定期清洗的需要，亦可设 4 个罐或 4 个以上；

（2）同时加工2~3种原油时，每增加一种原油宜再增加2~3个罐。当同时加工原油超过3种以上时，宜将性质相近的原油调合混对后统一储存；如果原油性质相差较大，宜设2~3个罐单独储存；厂内储存原油品种数量一般不宜多于3~4种；

（3）两套装置加工同一种原油，原油罐统一布置可以互相借用时，宜不少于5个罐。

4）原油储罐应选用浮顶罐或内浮顶罐。储罐容量不大于20000m^3或风沙及雨水较大的地区宜选用内浮顶罐。

2. 确定原料油储罐个数应考虑的因素

（1）油品计量、升温、沉降脱水、取样分析和进出罐等作业的要求。

（2）油品组分储存、调和的要求。

（3）一般油品和特种油品分别设罐的要求。

（4）储罐的清洗、维修要求。

（5）在满足操作要求的前提下，应选用大容量储罐，以减少储罐的个数，节约占地，节约储罐和管道钢材、附件，减少检测仪表等。

3. 原料油储罐的个数

应根据原料油的种类，加工装置的套数，加工原料油的方式以及采用储罐的单罐容积等因素确定，并使原料油在储存过程中有足够的时间进行计量、分析化验、升温、静止脱水等作业。

一般一套装置加工一种原料油时，宜设3~4个罐。

两套装置加工同一种原料油，原料油罐统一布置时，不少于5个罐。

一套加工装置加工两种原料油时，一般以5~7个罐为宜，若两种原料油混炼时，可适当减少。

大容积的原料油罐，一般设侧向搅拌器或旋转喷射搅拌器，待原料油进罐沉降脱水后，开动搅拌器，使罐内不发生沉积现象，提高罐的利用率，同时延长原料油罐的清洗周期。

三、储存温度的确定

1. 原油加热温度的确定

在满足储存和输送要求的前提下，原油储存温度应尽可能低，这有利于常减压蒸馏装置低温余热的利用，并减少原油的加热蒸汽耗量和蒸发损耗。

当原油黏度较高，导致泵吸入管道压降增大影响泵吸入操作时，有两种减少泵吸入管道压降的方案可供选择：一是加热原油以降低其黏度，但这也同时提高了原油的蒸气压，会抵消一部分加热降黏所带来的效果。二是增大管径，设计时应进行技术经济比较，确定合理的输送管径及原油加热温度，使原油加热的蒸汽耗量(包括装置低温余热的利用)及管径最经济合理。现在常减压蒸馏装置处理量越来越大，输送管径随着增大，装置泵离原油罐区的距离也大，进行技术经济比较很有必要。

(1) 原油最低储存温度一般比凝点高 5~15℃，最高储存温度不应高于初馏点。

(2) 原油储罐一般只设维持原油温度的加热器。需要脱水和沉降杂质时，可考虑设置升温加热器。

2. 供油方油品进罐温度[1]

1) 原油为管道进厂时，管道终点温度即为原油进罐温度，一般不宜低于最低储存温度(油品能流动的温度)，不高于原油的初馏点。

2) 在装置换热流程许可的情况下，应适当提高装置产品进罐温度，以利用装置的低温余热。并应符合下列要求：

(1) 热油应进专设的热油罐，其温度应大于 120℃，但应低于油品闪点 15~20℃，且不高于 200℃，但应低于油品的自燃点；

(2) 冷罐操作的油品，其进罐温度应不大于 90℃；

(3) 油品最低进罐温度，应不小于油品的最低储存温度。

四、泵的配置原则

1. 泵的选用依据

1）泵的用途：

储运油品系统泵的基本用途是油品装卸、油品调和和油品输转。

2）输送油品的性质：

包括油品的相对密度、黏度、腐蚀性介质种类及其含量、气体或固体(粒度)含量和蒸气压等。

3）输送油品的工艺参数：

（1）流量：泵的流量应根据全厂总工艺流程、物料平衡、不同产品方案变化、项目分期投产规划、装置年开工天数、油品储运年操作天数及作业要求(装卸、调和、输转)等因素确定。

（2）扬程：应取最大需要流量下所需的扬程，泵扬程的余量宜按所需扬程的5%~10%取值。

（3）温度：确定输送油品的正常、最高或最低输送温度。

4）泵必需汽蚀余量及系统有效汽蚀余量

在满足工艺操作条件的前提下，尽可能选用必需汽蚀余量较小的泵。系统有效汽蚀余量宜比泵必需汽蚀余量大10%~30%且不小于0.6m。

5）现场条件：

泵所在位置的环境温度、相对湿度、海拔高度、防爆区域及防爆等级。

6）操作时间：

确定操作周期及操作方式(连续或间断)。

2. 泵型的选择

根据工艺操作参数、操作特点、油品性质、泵的结构特性等因素合理选用。

1）油品储运系统常用泵的适用范围

（1）离心泵。

a. 输送温度下液体黏度不宜大于 650mm^2/s，否则泵效率下降较大；

b. 流量较大，扬程相对较低；

c. 液体中溶解或夹带的气体不宜大于 5%；

d. 要求流量变化大、扬程变化小时，宜选用平坦的 Q−H 曲线的离心泵；要求流量变化小、扬程变化大时，宜选用陡降的 Q−H曲线的离心泵。

（2）旋涡泵。

a. 液体黏度不宜大于 35mm^2/s、温度不大于 110℃，流量较小、扬程变化大时，宜选用陡降的 Q−H 曲线的旋涡泵；

b. 液体中允许含有约 5%（体）气体；

c. 要求自吸时，可选用自吸型旋涡泵。

（3）容积式泵。

a. 输送温度下液体黏度大于 650mm^2/s 者；

b. 在输送工艺中要求有较强的抽吸性能时；

c. 流量较小，扬程相对较高；

d. 液体中允许含有稍高于 5%（体）气体；

e. 液体需要准确计量时，可选用柱塞式计量泵或比例泵，液体要求严格不漏时，可选用隔膜计量泵；

f. 润滑性能较好黏度较高的液体可选用齿轮泵或螺杆泵；

g. 流量较小、温度较低、压力要求稳定的，宜选用转子泵或双螺杆泵。

2）介质黏度高于 20mm^2/s 时，应对离心泵性能参数进行换算。

3）连续向装置供料的原油、中间原料油泵，其选用应考虑以下特点：

（1）流量、压力要求平稳。

（2）可靠性要求高，应设置备用泵。

4）连续运转或长时间运转的输送泵应注意选用高效率泵。

3. 泵台数的设置

泵台数的设置可参见“第一章第三节运输系统设计一、泵站的设计 3. 泵台数的设置”。

第二节　中间原料的储存

一、储存天数的确定

(1) 对炼油厂内各装置之间，1 套装置加工一种原料油时，应按表 2-2 确定。

表 2-2　中间原料的储存天数[6]

类别	储存天数/d	备注
同时开工、停工检修的装置或联合装置之间的原料油	2~4	
不同时开工、停工检修的联合装置或不同检修组之间的原料油	15~20	
不同时开工、停工检修的装置之间的原料油	10~15	

注：某一装置的原料又是其他装置的原料或可用其他油品储罐储存时，储存天数宜取下限。

(2) 联合装置内各部分之间的原料，尽可能采用直接热进料，设计中仅考虑事故缓冲用的原料罐，储存天数为 1~2d。

(3) 1 套装置切换加工 2 种或 2 种以上的原料油时，每种原料油的储存天数，应满足装置原料油切换周期的要求，一般不宜少于 3d。

(4) 由 2 套或 2 套以上工艺装置同时向 1 套工艺装置供料时，应按全厂工艺装置检修安排情况，分别计算原料油罐的容量。

(5) 每个原料油罐的容量，不宜少于 1 套装置正常操作 1d 的处理量。

(6) 上下游装置均设置原料油罐时，其储存天数应是二者之和。

原料油水运进出厂时，其储罐总容量尚应满足一次卸船量的要求。一次卸船量应考虑最大油轮载量、油轮延期到达或提前到达的时间、整理准备时间、卸油时间和最小储备时间等因素。

二、储罐个数的确定

1. 催化裂化原料

原料为多组分时，储运系统应根据装置加工要求考虑是否设置调和设施。对于残炭值较高的组分，应按工艺要求控制其比例；原料为单一组分，正常生产时装置之间为直接热进料，储运系统只考虑事故时原料进罐储存和供应；开停工由罐区供料时，原料罐不宜少于 2 个。

2. 重整原料

装置之间为直接热进料时，储运系统只考虑事故时原料进罐储存和供应，原料罐不宜少于 2 个。由储运系统罐区供料时，宜设 3~4 个原料罐；当装置处理多种原料时，储运系统罐区应根据装置加工要求考虑是否设置调和设施；重整原料罐应根据工艺需要设置氮封；原料罐区内，应根据工艺要求及原料情况确定预加氢生成油罐的设置及容量。

3. 加氢精制装置原料

加氢精制装置处理 2 种或 2 种以上原料时，每种原料宜设 2~3 个储罐；当几种原料混合加工时，可共设 3~4 个罐，应根据装置加工要求考虑是否设置调和措施；加氢精制原料罐应根据工艺要求设置氮封。

4. 重油加工装置原料(不包括重油催化裂化装置)

减压渣油作为装置原料直接热进料时，且与常减压蒸馏装置同时开、停工检修，其原料罐的设置可与储运系统重油罐统一考虑；常减压蒸馏装置与重油加工装置分别开、停工检修时，宜设 2 个原料罐，储罐总容量可与重油罐统一考虑；氧化沥青装置的原料宜采用直接热进料。

5. 液化石油气加工装置原料

液化石油气加工装置原料的储存天数，宜按液化石油气加工装置与供料装置同时开、停工考虑。若分别开、停工时，应在可能的条件下统一规划，使原料罐和液化石油气成品罐可以互用；液化石油气加工装置，不宜少于2个原料罐。每个罐的容积宜满足加工装置的日进料量。

6. 乙烯等裂解装置原料

应根据工艺装置的要求及原料供应情况确定原料罐的设置种类及容量；原料罐的个数应满足沉降脱水、分析、计量等作业的要求；裂解装置处理2种或2种以上的原料时，每种物料宜设2~3个罐，当多种原料混合供料时可设2~3个罐，并在管道或储罐上采取调和措施。

在原料罐的工艺流程设计中，可根据原料性质差异程度考虑原料罐互用的可能。

7. 乙烯及MTO等裂解装置中间罐区物料

应根据工艺装置的要求及中间原料的情况确定中间罐的设置种类及容量；正常生产时，裂解装置向下游装置直接供料，当裂解装置停工检修时由储运系统罐区供料。当裂解装置向聚丙烯、聚乙烯装置供料时，其中间原料的储存天数宜为5~7d。裂解装置不合格罐宜设2~3个。

8. 润滑油加工装置原料

(1) 各加工装置分别开、停工检修，原料切换操作时，每种组分储罐不宜少于2个。

(2) 同一种组分油，由于残炭值或加工深度不同时，应分别设1~2个罐。

(3) 原料储罐的工艺流程设计，可根据原料的性质差异程度，考虑原料储罐互用的可能。

(4) 润滑油加工装置原料切换操作时，进装置或罐区的原料管道，可根据原料性质差异程度考虑是否可合用管道。

9. 蜡加工装置原料

不同种类(如石蜡与地蜡)或同一种类不同品种(如白蜡与黄蜡)的蜡料罐应分别设置；同一品种不同规格(指蜡熔点)的蜡料罐可互用；皂用蜡根据生产需要可单独设罐；每种组分的蜡料罐宜设1~2个；废蜡罐宜设1个；需要调和的蜡料，系统应设置调和设施，并增设1~2个调和罐。

10. 分子筛脱蜡装置原料

当分子筛脱蜡装置原料为直馏灯用煤油及柴油馏分时，每种原料可设2个罐，并可互用。

其他装置原料系统的设计可参照上述有关内容。

三、储存温度的确定

1. 装置之间原料供给温度条件

在正常生产情况下，装置之间原则上以热进料方式互供，装置内正常生产只换热，不考虑冷却，如果下游装置能够允许较高温度的热进料，上游装置尽可能不设热水换热器。在工艺技术方案合理的情况下，装置之间尽可能热联合以降低装置及全厂能耗。

2. 中间原料罐的储存温度

(1) 物料的最低储存温度，宜比凝点高10~15℃。

(2) 热物料进罐，物料温度控制在120~200℃，但应低于石油化工液体物料的自燃点。

(3) 冷罐操作时，物料的进罐温度不应高于90℃。

(4) 液化石油气、气分原料、汽油组分等轻质物料进罐温度不应大于40℃。

(5) 相当于煤油组分的物料进罐温度不应大于45℃。

(6) 相当于柴油组分的物料进罐温度应小于或等于(闪点-5)℃，且不应大于50℃。

(7) 轻蜡油组分物料进罐温度不应大于90℃。

(8) 重蜡油、油浆、渣油等组分物料进罐温度不应大于200℃。

四、泵的配置原则

中间原料泵是装置连续或开停工及小修事故期间为装置提供原料的专用泵，可靠性要求高，一般要求中间原料泵设备用泵，若有性质相似或相近的物料用泵可考虑互为备用泵，或2种物料公用1台备用泵。

一种物料有2个或2个以上储罐时应考虑倒罐作业。倒罐作业用泵可与物料输送、调和等作业用泵统一考虑，一般不设置大流量的专用倒罐泵。

第三节　成品油的储存

成品油罐一般包括组分罐、调和罐和成品罐。每种油品要求的储罐总容积一般也以储存天数来表示，对炼油厂由多组分调和生产的成品油每天储存量为年操作天数按350d计算的平均日产量，单组分成品，每天储存量为相应装置在开工期间的平均日产量。炼油厂成品油的储存天数如表2-3所示。

表2-3　成品油储存天数[6]

油品名称	出厂方式	储存天数/d
汽油、灯用煤油、柴油、重油（燃料油）	管道输送	5~10
	铁路运输	10~20
	内河及近海运输	15~20
	公路运输	5~7
航空汽油、喷气燃料、芳烃、军用柴油、液体石蜡、溶剂油	管道输送	5~10
	铁路运输	15~20
	内河及近海运输	20~25
	公路运输	5~7
润滑油、电器用油类、液压油	管道输送	
	铁路运输	25~30
	内河及近海运输	25~35
	公路运输	15~20

续表

油品名称	出厂方式	储存天数/d
液化石油气	管道输送	5~7
	铁路运输	10~15
	内河及近海运输	10~15
	公路运输	5~7
石油化工原料	管道输送	5~7
	铁路运输	10~15
	内河及近海运输	10~15
	公路运输	5~7

注：1. 按本表确定容量的储罐，包括成品罐、组分罐和调和罐。

2. 如有中转油库时，其储容量应包括在按上表确定的储罐总容量内。

3. 内河及近海运输时，其成品罐与调和罐的容量之和，应同时满足连续生产和一次装船量的要求。

4. 若有远洋运输出厂时，其储存天数不宜少于30d，但不宜大于60d。其成品罐和调和罐的容量之和，应同时满足连续生产和一次装船量的要求。

一、轻质油品的储存

1. 储存温度

轻质油品一般在罐中常温储存，从装置来的轻质油品，要求的产品进罐温度见表2-4。

表2-4　轻质油品进罐温度

介质名称	进罐温度/℃	介质名称	进罐温度/℃
汽油	≤40	苯	7~40
石脑油	≤40	甲苯	≤40
煤油	≤45	对二甲苯	15~40
柴油	≤50	混合二甲苯	≤40

2. 储罐设置

1）油品采用管道调和时的油罐设置：

采用组分储存、管道调和、配质量分析控制仪表、直接管输或装船出厂的工艺流程时，储罐的总容量宜大部分放在组分罐中，每种组分宜设 2~3 个罐，每个组分罐的容积，至少应满足一次调和量的要求。成品罐的容量只考虑调和仪表启动时分析和事故时循环的要求。

采用组分储存、管道调和、成品罐分析出厂的工艺流程时，组分罐的储量可相对较小，每种组分可设 2~3 个罐，成品罐的个数不宜少于 3 个，成品罐的储量至少应满足一次出厂量的要求。

2）汽、柴油储罐：

高辛烷值、高蒸气压的汽油组分和低凝点柴油组分，每种组分宜设 2 个罐。只生产一种牌号的汽油或柴油，且各组分无调和比例要求或要求不严时，一般可不设组分罐，其调和罐与成品罐之和一般不少于 4 个。同时生产多种牌号的汽油或柴油，每种组分宜设 2 个罐，每个组分罐的容积不超过 1~2d 的生产量。成品罐和调和罐可互用，一种牌号油品的调和罐、成品罐不宜少于 4 个，每增加一种牌号，应增加调和、成品罐 2~3 个。

3）航空汽油、喷气燃料储罐：

每种组分罐宜设 2~3 个，每种喷气燃料成品罐不宜少于 2 个，每种牌号油品的调和与成品罐之和不宜少于 3 个。

4）其他储罐：

军用柴油罐宜单独设罐，生产一种牌号时不宜少于 3 个，每增加一种牌号宜增加 2~3 个。溶剂油罐和灯用煤油罐，每种牌号宜设 2 个。芳烃罐每种成品宜设 2 个。

二、重质油的储存

1. 储存温度

油品储存温度的确定原则，是依油品的储存、输转等操作情况及油品本身的性质来确定的。油品在罐内较长时间储存时，一般没有一定的储存温度要求，但最低储存温度应比凝点高 5~15℃。原油不得高于初馏点；含水油品其储存温度不得高于 90℃。

油品随时需要输转时，其储存温度必须满足下列要求：

(1) 油品的输送温度，应考虑泵吸入操作正常进行，并使油泵输送所耗功率与加热油品所耗能量之和最小。一般在输送温度下，油品的黏度宜小于 $60mm^2/s$；

(2) 润滑油成品油的储存，除考虑储存和输送要求外，还应考虑温度过高易造成油品内部添加剂的分解和影响油品质量的特性。高黏度润滑油成品的储存温度，应满足调和操作的要求；

(3) 对于燃料油和常减压渣油，若要考虑油品在油罐中脱水和沉降杂质，油品的储存温度，应为油品黏度达到 $100mm^2/s$ 时的温度，或略低于此温度；

(4) 石蜡产品的液体储存温度，高于熔点 15~20℃，不得超过其氧化变质温度。

2. 储罐的设置

1) 只生产一种规格牌号的重油时，不宜少于 3 个罐；生产多种牌号重油时，各种牌号应分别设罐，每种牌号不少于 2 个。

2) 储存温度为 120~200℃ 的重油，应单独设罐，并应设扫线罐。

3) 润滑油储罐的设置原则如下：

(1) 每种组分宜设 2 个；同一种组分油，残炭值不同或加工深度不同时，应分别设罐；

(2) 每一种牌号的成品罐宜设 1~2 个，成品罐可兼作调和罐；

(3) 一类油的调和与成品罐，应按牌号专罐专用；二、三类油的调和与成品罐，在不影响质量的前提下，可以互用。

4) 工厂自用燃料油储罐宜设 2 个。

5) 沥青储罐不宜少于 2 个。

三、液化烃的储存

1. 储存温度

C_3、C_4 液化烃可常温储存（≤40℃），丁二烯的储存温度应小于或等于27℃。

2. 储罐的设置

液化烃储罐的储存方式，应根据全厂总工艺流程中的装置组成及操作条件、液化烃的储量，在常温压力储存和降温压力储存等方案中，经技术经济比较后择优选用。化工原料与民用燃料的液化石油气宜分开设罐，每种成品的储罐一般不宜少于2个。

液化烃储罐单罐容积小于等于100m^{3}时，宜选用卧式储罐，单罐容积大于100m^{3}时，宜选用球型储罐。

液化烃储罐的设计压力，应符合现行的特种设备安全技术规范《固定式压力容器安全技术监察规程》TSG R0004和标准《石油化工钢制压力容器》SH/T 3074的有关规定。

液化烃球形储罐安全设计，应符合标准《液化烃球形储罐安全设计规范》SH3136的有关规定。

液化烃储罐的设计储存液位可按式(2-1)确定。

$$h = H - h_1 \tag{2-1}$$

式中 h——储罐的设计储存液位，m；

H——液相体积达到储罐计算容积的90%时的高度，m；

h_1——10~15min储罐最大进液量高度，m。

3. 储罐安全与防护

1）液化烃球罐底部的液化烃出入口管道应设紧急切断阀。

2）液化烃储罐的安全阀设置应符合下列规定：

（1）安全阀的规格应按现行的特种设备安全技术规范《固定式压力容器安全技术监察规程》TSG R0004的有关规定计算出的泄放量和泄放面积确定；安全阀的开启压力(定压)不得大于储罐的设计压力；

（2）安全阀每年进行校验时可以停工并倒空物料的储罐，可只安装1个安全阀，安全阀前后可不加装截断阀；

（3）凡需要连续运转1a以上的储罐，在安全阀每年进行校验时，可利用其他措施能保证系统不超压，可只安装1个安全阀，安全阀前后应加装截断阀；

(4) 符合下列情况之一时，可只安装 1 个安全阀，安全阀前后应加装截断阀及旁通线，旁通线的管径不宜小于安全阀的入口直径：

a. 在安全阀每年进行校验时，能利用其他措施保证系统不超压；

b. 开停工时，需要通过安全阀的副线阀排放物料。

(5) 符合下列情况之一时，可只安装 1 个安全阀，但安全阀前应加装 1 组爆破片，且应在安全阀与爆破片之间安装可供在线校验使用的四通组件接口：

a. 物料具有黏稠、腐蚀性、会自聚、带有固体颗粒其中之一的性质；

b. 安装 1 个安全阀，仅加装爆破片就可满足在线校验。

(6) 在本条(5)款情况下，储罐运行周期内需在线更换爆破片时，除可按本条(5)款设置安全阀外，还应在爆破片前和安全阀后分别加装 1 个截断阀；

(7) 用本条(2)款~(6)款所述方式都不能保证"安全阀每年至少应校验一次"的储罐，应设置 2 个安全阀，且每个安全阀前后应分别加装 1 个截断阀。2 个安全阀应为互相备用关系，在设计图纸上，对处于运行状态安全阀的前后截断阀应标注 LO(铅封开或锁开)；对处于备用状态安全阀的前后截断阀应标注 LC(铅封关或锁关)；

(8) 安全阀应设置在罐体的气体放空接合管上，并应高于罐顶；

(9) 安全阀排出的气体应排入火炬系统。确受条件限制时，可就地放空，但其排气管口应高出 8m 范围内储罐罐顶平台 3m 以上。

3) 压力储罐应选用全启式安全阀。

4) 寒冷地区的液化烃储罐罐底管道应采取防冻措施。液化烃储罐的排水管道上应设双阀。

5) 储存甲$_B$类液体的压力储罐，当其不能承受所出现的负压时，应设置真空泄压阀。

6）常温液化烃储罐应采取防止液化烃泄漏的注水措施。

7）易聚合的物料储罐的安全阀前宜设爆破片，在爆破片和安全阀排出管道上应有充氮接管。

8）储存含有易自聚不稳定的烯烃、二烯烃(如丁二烯、苯乙烯)等物料时，应采取防止生成自聚物的措施。

9）储存易氧化、易聚合不稳定的物料时，应采取氮封或气体覆盖隔绝空气的措施。

四、泵的设置原则

1. 专用成品泵的设置

产品质量要求严格的成品(如航空油料、乙烯、丙烯、苯、二甲苯等)应设专用泵。

2. 备用泵的设置

管道连续输送出厂时，应设备用泵；间断操作的泵，每天操作时间累计超过4~6h，性质差异较大的成品，只有1台操作泵时，可设1台备用泵；不影响成品质量的前提下，性质相近的两种成品可互为备用或共用1台备用泵；成品每批装车辆数等于或超过24节罐车时，宜选用2台或2台以上装车泵，不设备用泵。

3. 泵的流量

水运出厂时，输油泵的流量应根据船型大小、净装船时间和同时装船的船舶数来确定，净装油时间应符合交通部门的有关规定。

铁路罐车出厂时，按可能同时装车的最大罐车数量和要求的净装油时间来确定，净装油时间应符合有关规定。

汽车槽车出厂时，按同种油品鹤管数量和每个鹤管的额定装油量来确定，每个鹤管的额定流量应符合有关规定。

多种作业的操作泵，应按主要作业的计算流量、压降选泵，可在泵的数量设置上，适应多种作业的要求。

五、液化烃储罐安全阀的选择与计算

液化烃储罐应设全启式安全阀。安全阀的规格应按现行的特种设备安全技术规范《固定式压力容器安全技术监察规程》TSG R0004 的有关规定确定；安全阀的全启压力(定压)不得大于储罐的设计压力。安全阀的设置应满足现行的特种设备安全技术规范《固定式压力容器安全技术监察规程》TSG R0004 中规定的检测要求。安全阀应安装在储罐的气相空间。安全阀的出口应接至全厂火炬系统。

1. 安全阀的选型

当安全阀的排放背压力小于 10%安全阀定压时，选用通用式安全阀。

当安全阀的背压处于 10%～30%的安全阀定压时，选用平衡波纹管式安全阀；安全阀背压为 30%～50%的安全阀定压工况下，也可选用平衡波纹管式安全阀，但应得到供货商的书面确认；对于具有腐蚀性、易结垢、易结焦的泄放气体，为避免影响安全阀弹簧的正常工作，应选用平衡波纹管式安全阀

安全阀的背压大于其整定压力的 30%及以上时，应选用先导式安全阀。对有毒气体，应选用不流动式导阀。

2. 安全阀的选用步骤

1）应根据安全阀的设置场合、操作条件、泄放介质的性质、泄放系统的背压等因素选择安全阀的型式，以满足工艺要求。

2）根据介质的操作温度和安全阀定压值，确定安全阀的公称压力和最高泄放压力。

3）根据安全阀喷嘴的计算面积选用安全阀，但选用的安全阀喷嘴面积必须不小于计算面积，如果一个安全阀的喷嘴面积不能满足需要，可选用 2 个或 2 个以上安全阀并联。由于多阀的定压和积聚压力与单阀不同，须按表 2-5 选取积聚压计算所需喷嘴面积，再选用合适的安全阀，使其总面积不应小于计算面积。对排入全厂性放空系统的直径较大的安全阀，若所选用安全阀的

实际喷嘴面积比计算面积大得多时，应反算安全阀实际排放的最大瞬时量，以保证火炬系统的安全。

表 2-5 安全阀定压百分数和最大超压百分数

项目	单阀		多阀	
	安全阀定压百分数（对设备设计压力的百分数）/%	最大超压百分数/%	安全阀定压百分数（对设备设计压力的百分数）/%	最大超压百分数/%
非着火：第一阀	100	10①	100	10
其他阀			105	16②
着火：第一阀	100	21	100	21
其他阀			105	21

注：表 2-5 为安全阀定压等于设备设计压力时的取值。若安全阀定压与设备设计压力不同，则表中数据可进行调整。

① 设计压力的 10%或 20kPa 中的较大值。

② 设计压力的 16%或 30kPa 中的较大值。

4）选用弹簧式安全阀时，应注明其定压范围。弹簧的定压按不同结构安全阀的要求确定。通用式安全阀在调整弹簧时，其弹簧定压应调整为安全阀定压减去其附加背压的差值；对平衡波纹管式安全阀，弹簧定压值即为安全阀的定压值。

3. *设计参数的确定*

1）压力的确定[4]：

（1）最高工作压力 P_w（表）：设备最高工作压力应是正常使用过程中（正常运行工况和考虑系统附加条件，如系统压力变化、系统中其他设备的影响、安全阀在系统中的相对位置等情况），在设备顶部可能达到的最高压力。

（2）正常工作压力：指设备在正常运行工况下（包括正常操作、开停工工况、再生工况、改变进料工况和预期实际操作可能波动的工况）其顶部可能达到的最高压力。

（3）设备设计压力 P_D（表）：指设定的设备顶部的最高压力，

与相应的设计温度一起作为设计载荷的条件，其值不应低于最高工作压力。

（4）安全阀定压 P_s：安全阀开始排放的压力。

（5）积聚压力 P_a（表）：安全阀泄压时，允许阀前压力超过设备或管道设计压力的数值称为积聚压力。

最大超压百分数可按表 2-5 选取。

（6）设备最高工作压力应不低于表 2-6、表 2-7 的规定。

表 2-6　液化气体压力容器的最高工作压力[4]

液化气体临界温度	最高工作压力		
	无保冷设施	有可靠保冷设施	
		无试验实测温度	有试验实测最高工作温度且能保证低于临界温度
≥50℃	50℃饱和蒸气压力	可能达到的最高工作温度下的饱和蒸气压力	
<50℃	设计所规定的最大充填量时，温度为 50℃的气体压力		试验实测最高工作温度下的饱和蒸气压力

液化石油气储罐的最高工作压力应按不低于 50℃混合液化石油气组分的实际饱和蒸气压来确定。若无实际组分数据或不做组分分析，其最高工作压力则应不低于表 2-7 规定的压力。

表 2-7　混合液化石油气压力容器的最高工作压力[4]

混合液化石油气 50℃饱和蒸气压	最高工作压力	
	无保冷设施	有可靠保冷设施
≤异丁烷 50℃饱和蒸气压力	等于 50℃异丁烷的饱和蒸气压力	可能达到的最高工作温度下异丁烷的饱和蒸气压力
>异丁烷 50℃饱和蒸气压力 ≤丙烷 50℃饱和蒸气压力	等于 50℃丙烷的饱和蒸气压力	可能达到的最高工作温度下丙烷的饱和蒸气压力
>丙烷 50℃饱和蒸气压力	等于 50℃丙烯的饱和蒸气压力	可能达到的最高工作温度下丙烯的饱和蒸气压力

（7）设备设计压力的初步确定原则见表 2-8。

表 2-8　设计压力的选取(液化气体除外)

<table>
<tr><th colspan="3">类型</th><th>设计压力 P_D(表)/MPa</th></tr>
<tr><td rowspan="5">内压设备</td><td colspan="2">无安全泄放装置</td><td>$P_D = 1.0P_w \sim 1.1P_w$</td></tr>
<tr><td colspan="2">装有安全阀</td><td>$P_D = P_w + 0.18$　$P_w \leq 1.77$
$P_D = 1.1P_w$　$1.77 < P_w \leq 3.92$
$P_D = P_w + 0.4$　$3.92 < P_w \leq 7.85$
$P_D = 1.05P_w$　$7.85 < P_w$</td></tr>
<tr><td colspan="2">装有爆破片</td><td>取爆破片标定爆破压力范围的上限</td></tr>
<tr><td colspan="2">出口管道上装有安全阀</td><td>不低于安全阀的定压加上流体从设备流至安全阀处的压力降</td></tr>
<tr><td colspan="2">设备位于泵进口侧且无安全泄放装置</td><td>取无安全泄放装置时的设计压力，且以0.1MPa外压进行校核</td></tr>
<tr><td rowspan="7">外压设备</td><td colspan="2">外压设备</td><td>不小于在正常运行工况下可能出现的最大内外压力差</td></tr>
<tr><td rowspan="2">真空设备</td><td>设有安全泄放装置</td><td>外压取1.25倍最大内外压力差或0.1MPa两者中的较小值</td></tr>
<tr><td>未设安全泄放装置</td><td>外压取0.1MPa</td></tr>
<tr><td rowspan="2">夹套内为内压的带夹套真空设备</td><td>设备壁</td><td>按外压设备设计，设计压力取无夹套真空设备规定的压力值，再加夹套内设计压力，且必须校核在夹套试验压力(外压)下的稳定性</td></tr>
<tr><td>夹套壁</td><td>按内压设备规定</td></tr>
<tr><td rowspan="2">夹套内为真空的带夹套内压设备</td><td>设备壁</td><td>以内压设备的设计压力加0.1MPa作为设计压力，且必须校核在夹套试验压力(外压)下的稳定性</td></tr>
<tr><td>夹套壁</td><td>按真空设备规定</td></tr>
<tr><td colspan="3">两侧受压的承压元件</td><td>除有可靠措施确保两侧同时受压，可按压差作为设计压力外，均应分别按一侧设计压力计算强度，用另一侧设计压力值来核算</td></tr>
</table>

2）温度的确定：

（1）设备设计温度。在能进行传热计算或实测时，应以最高（或最低）工作温度或最高（或最低）工作温度下的壁温作为设计温度。

在不能进行传热计算或实测时，以正常使用过程中介质的正常工作温度加（或减）一定裕量作为设计温度。

设备的不同部位在工作过程中可能出现不同温度时，可分别设定每部分的设计温度，并给出建议的分段位置。

对于多腔设备，各腔的设计温度应分别考虑各腔内的操作情况。

（2）设备设计温度的选取。设备器壁与介质直接接触，且有外保温（或保冷）时的设计温度，应按表 2-9 选取。

表 2-9 设计温度的选取

介质温度 t/℃	设计温度
$t \leqslant -15$	介质正常工作温度减 0～10℃ 或取最低工作温度
$-15 < t < 15$	介质正常工作温度减 5℃ 或取最低工作温度
$15 \leqslant t \leqslant 350$	介质正常工作温度加 20℃ 或取最高工作温度
$t > 350$	介质正常工作温度加 15～30℃ 或取最高工作温度

注：设备的最高（或最低）工作温度接近所选材料允许使用温度界限时，应结合具体情况慎重选取设计温度，以免增加投资或降低安全性。若增加温度裕量后会引起更换高一档的材料时，从经济上考虑，允许按工程设计要求，可不加或少加温度裕量，但工艺必须有措施，使操作中不至于超温。

设备内介质用蒸汽直接加热或被内置加热元件（如加热盘管、电热元件等）间接加热时，设计温度取正常工作过程中介质的最高温度。

设备的器壁两侧与不同温度的介质接触时，并有可能出现只与单一介质接触时，应按较高介质的温度确定设计温度；但当任何介质的温度低于0℃时，则应按较低介质温度确定最低设计温度。

仅由大气环境气温条件所确定的设备，其最低设计温度可按当地气象资料，取历年来“月平均最低气温”的最低值。

(3) 泄放温度。根据工艺工况分析确定安全阀的泄放温度，若介质无相变可按工艺操作温度确定。液化气容器火灾时介质的泄放温度，是指安全阀进口在泄放压力下介质的饱和温度。

4. 泄放量的计算

1) 外部火灾工况设备的受热面积：

(1) 外部火灾时只考虑火焰高度在7.62m以内的容器，火焰的高度是以地面或可积存液体物料的装置平台为计算基准，如果平台是格栅不能积存液体，则不能作为计算基准。

(2) 容器的受热面积只考虑存有液体的部分，统一称湿表面积，在计算容器湿表面积时，是计算整台容器的湿表面积。对换热器是指计算整体的表面积，不是只计算换热管的面积。

湿表面积按式(2-2)~式(2-6)计算，或从地面起到7.62m高度以下所包括的外表面积，取两者中较大值。

半球形封头立式容器

$$A=\pi Dh+1.75D^2 \tag{2-2}$$

半球形封头卧式容器

$$A=\pi DL \tag{2-3}$$

椭圆封头卧式容器

$$A=\pi D(L+0.3D) \tag{2-4}$$

椭圆封头立式容器

$$A=\pi Dh+0.41\pi D^2 \tag{2-5}$$

球形容器

$$A=1.57D^2 \tag{2-6}$$

式中 A——容器受热湿表面积，m^2；

L——容器的总长，m；

D——容器直径，m；

h——容器的湿润高度，m。

对立式容器指罐体下切线至最高液面的距离。当最高液面距地面的距离大于7.62m时，按7.62m的液位计算受热湿表面积。

2）外部火灾工况安全阀的泄放量：

易燃液化气体或位于有可能发生火灾的环境下工作的非易燃液化气体。

（1）无绝热保温层时，安全阀泄放量按式(2-7)计算。

$$W = \frac{2.55 \times 10^5 FA^{0.82}}{q} \tag{2-7}$$

式中　W——压力容器安全阀泄放量，kg/h；

q——在泄放压力下液化气体的汽化潜热，kJ/kg；

F——泄放减低系数，见表2-10。

表2-10　泄放减低系数

序号	安装形式	F
1	容器在地下，用砂土覆盖	0.3①
2	容器在地上，物料是易燃液体或采用减压和卸料等空罐措施	1①
3	容器在地上，物料是易燃液体容器设有水喷淋装置： 水流量>10L/(m^2·min) 水流量≤10L/(m^2·min)	0.6① 1
4	容器在地上，物料是不易燃液体	0.3

①表2-10选自特种设备安全技术规范《固定压力容器安全技术监察规程》TSG R0004—2009。

（2）对有完善的绝热材料保温的液化气体压力容器，安全阀泄放量按式(2-8)计算。此类保温材料要满足在火灾发生时，2h内不会被烧毁脱落，在消防水的冲击下也不会脱落的要求。

$$W = \frac{9.4 \times (650 - t)\lambda A^{0.82}}{\delta q} \tag{2-8}$$

式中　t——泄压工况时被泄放液体的饱和温度，℃；

λ——常温下绝热材料的导热系数，W/(m·K)，见表2-11；

δ——保温层厚度，m。

表 2-11　常温下保温材料的导热系数 λ

材料名称	导热系数/[W/(m·K)]
普通玻璃棉	0.04~0.058
超细玻璃棉	0.035~0.041
高温玻璃棉	0.032~0.033
岩棉	0.047~0.058
微孔硅酸钙	0.055~0.064
轻质铝镁材料	
SML2	0.0534
SML3	0.08065
硅酸铝纤维	0.036~0.048
矿渣棉	0.042~0.058
聚氨酯泡沫塑料	
硬质	0.022~0.024
软质	0.036
可发性聚苯乙烯泡沫塑料	0.0314~0.0466
聚氯乙烯泡沫塑料	0.022~0.035
泡沫玻璃	0.05~0.0698
憎水珍珠岩	0.058~0.07

（3）火灾时气体容器安全阀的泄放量。非湿润情况的储罐（指气体罐）在火灾工况下泄放量的按式(2-9)计算。

$$W = 8.765\sqrt{P_d M}\left[\frac{A\ (T_w - T_1)^{1.25}}{T_1^{1.1506}}\right] \tag{2-9}$$

式中　T_w——设备的壁温，K；

T_1——安全阀入口介质泄放温度，K；

M——气体或蒸气的相对分子质量；

P_d——安全阀的泄放压力(绝)，MPa。

设备的壁温 T_w，在计算以碳钢制造的设备时，采用593℃(866K)来计算。式中的 T_1 不可能超过设备的壁温。如果计算的排放温度大于593℃（866K），则采用被保护设备的设计温度作为安全阀的泄放温度。

5. 介质为气体的喷嘴面积计算

选用的安全阀的喷嘴面积，必须等于或大于工艺计算的安全阀所需的泄放面积。

1）流动状态辨别[7,9]：

气体通过安全阀喷嘴时，其速度和比体积随下游压力的减小而增大，一直增大到极限速度为止，此极限速度即为该气体的声速。

声速下的喷嘴喉管压力 P_{cf} 与入口压力（即安全阀排放压力）P_d 之绝压比称为临界压力比，P_{cf} 称为临界流动压力。

如果背压满足式（2-10）即为临界流动，否则为亚临界流动。

$$P_b \leqslant P_{cf} = P_d \left(\frac{2}{k+1}\right)^{\frac{k}{k-1}} \tag{2-10}$$

式中 P_b——安全阀背压力（绝），MPa；

P_{cf}——临界流动压力（绝），MPa；

k——气体的绝热指数。

一般烃类气体 P_{cf}/P_d 值都在0.5~0.6，其与 k 值的关系见表2-12。

表2-12 k 值与 P_{cf}/P_d 值关系

k	1.1	1.2	1.3	1.4	1.5	1.6	1.7	1.8
P_{cf}/P_d	0.585	0.564	0.546	0.528	0.512	0.497	0.482	0.469

2）临界流动状态下喷嘴面积按式（2-11）和式（2-12）计算：

$$A_s = \frac{13.16 \times W}{C \times K_d \times P_d \times K_b \times K_c}\sqrt{\frac{TZ}{M}} \tag{2-11}$$

$$C = 520\sqrt{k\left(\frac{2}{k+1}\right)^{\frac{k+1}{k-1}}} \tag{2-12}$$

式中 A_s——安全阀需要的最小泄放面积，mm^2；

T——安全阀的泄放温度，K；

Z——压缩系数；

C——气体特性系数，也可由表2-13查得不同 k 值下的 C 值，当 k 值未知时，可选用 $C=315$；

K_d——排量系数，它与安全阀结构有关，应由安全阀制造厂提供。一般 K_d 取0.975，对爆破片 K_d 取0.62；

K_b——背压校正系数，对于弹簧式安全阀 $K_b=1.0$；对于平衡波纹管式安全阀 K_b 应由制造厂提供，用于气体和蒸汽时，可由表2-14查得；

K_c——安全阀和爆破片联合安装校准系数，不安装爆破片时取1.0，安全阀前安装爆破片时，取0.9。

表2-13　不同 k 值与 C 值关系

k	C	k	C	k	C	k	C
1.00	315*	1.24	341	1.48	363	1.72	382
1.02	318	1.26	343	1.50	365	1.74	383
1.04	320	1.28	345	1.52	366	1.76	384
1.06	322	1.30	347	1.54	368	1.78	386
1.08	324	1.32	349	1.56	369	1.80	387
1.10	327	1.34	351	1.58	371	1.85	391
1.12	329	1.36	353	1.60	372	1.88	393
1.14	331	1.38	354	1.62	374	1.90	394
1.16	333	1.40	356	1.64	376	1.92	395
1.18	335	1.42	358	1.66	377	1.94	397
1.20	337	1.44	360	1.68	379	1.98	399
1.22	339	1.46	361	1.70	380	2.00	400

注：* 内插值。因为 k 在接近于1时，C 变为不定的无穷数。

表2-14　平衡波纹管式安全阀 K_b 值

操作条件	P_b/P_s（表压比）						
	0.30	0.34	0.37	0.40	0.43	0.46	0.49
	背压校正系数 K_b						
过压10%时	1.0	0.96	0.91	0.87	0.82	0.76	0.69
过压16%时	1.0	1.0	1.0	0.98	0.96	0.94	0.91

当定压低于 0.34MPa(表)时，不应选用上表数值，而应由制造厂提供 K_b 值。

3）亚临界流动状态下喷嘴面积计算：

为了简化计算，亚临界流动状态下喷嘴面积计算公式仍然采用式(2-11)，但其中 K_b 值对通用式安全阀采用表 2-15 数值；对于平衡波纹管式安全阀 K_b 值应由制造厂提供。

表 2-15　亚临界流动状态下通用式安全阀 K_b 值

绝热指数 k	$P_b(a)/[P_s(a)+P_a(a)]$,%					
	50	60	70	75	80	85
	背压校正系数 K_b					
$K=1.0$	1.0	1.0	0.96	0.92	0.88	0.80
$K=1.2$	1.0	1.0	0.95	0.90	0.85	0.77
$K=1.4$	1.0	0.98	0.93	0.87	0.83	0.74
$K=1.6$	1.0	0.97	0.91	0.85	0.79	0.72
$K=1.8$	1.0	0.96	0.89	0.83	0.77	0.69

第四节　油品加热设计

一、油品加热方式的选择

1. 储罐加热器的结构型式和作用[1]

储罐中常用的管式加热器按布置型式可分为全面加热器和局部加热器；按结构型式可分为排管式加热器、蛇管式加热器、U型管式加热器和 Ω 型或 Π 型管式加热器。

排管式加热器如图 2-1 所示。这种加热器多用 DN50 的无缝钢管现场焊接而成。

为便于安装、拆卸和维修，排管式加热器由若干个排管所组成，每一个排管由 2~4 根平行的管子与两根汇管连接而成，汇管长度应小于 500mm，使整个排管可以从油罐人孔进出，以便

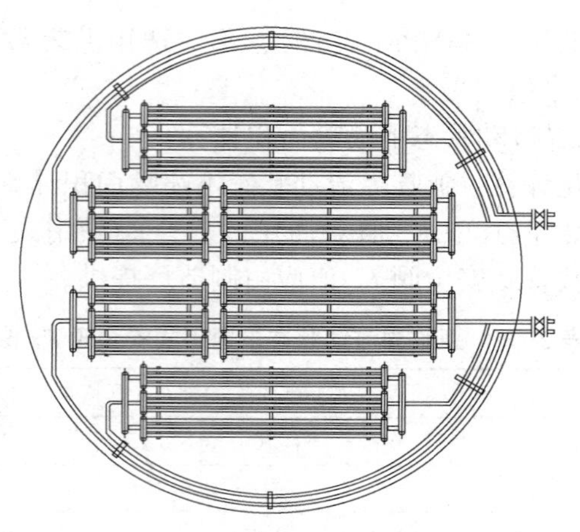

图 2-1　排管式加热器示意图

于安装和维修。几个排管以并联及串联的形式联成一组，组的总数取偶数，对称布置在进出油接合管的两侧，并且每组都有独立的蒸汽进口和冷凝水出口。当某一组发生故障时，可单独关闭该组的阀门，应用其他完好的各组继续进行加热。此外，分组还可以调节加热过程，根据操作的实际需要来开闭组数。

为了向各组分配蒸汽并收集冷凝水，在罐外装设蒸气总管和冷凝水总管，其上装有阀门。罐内加热器各排管组的安装应有一定的坡度，以便于排出冷凝水。一般蒸汽进口距罐底 650mm，冷凝水出口 170mm。

由于排管组的长度较短，蒸汽通过管组的摩阻较小，因此可以在较低的蒸气压力下工作。此外，由于排管每组的长度不大，还可使蒸汽入口高度降低，这样就使整个加热器放得较低，可以尽量减少加热器下面“加热死角”的体积。

蛇管式加热器如图 2-2 所示。蛇管式加热器是用很长的管子弯曲成的管式加热器。常用 DN50 的无缝钢管焊接而成，只是为了安装和维修的方便才设置少量的法兰联接。一般可由制造厂做好成套供应。为了使管子在温度变化时能自由伸缩，用导向卡箍将蛇管安装在金属支架上。支架具有不同高度，使蛇管沿蒸汽流动方向保持一定的坡度。蛇管在罐内分布均匀，可提高油品的加热效果，这是它的优点。但蛇管加热器安装和维修均不如排管加热器方便，每节蛇管的长度比排管式加热器每组的长度长得多，因而蛇管加热器要求采用较高的蒸汽压力。

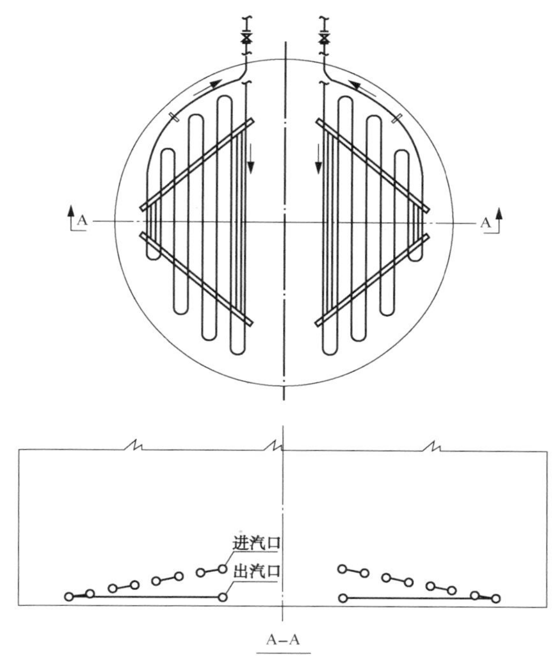

图 2–2 蛇管式加热器示意图

U 型管式加热器如图 2–3 所示，是由一组管束、管板及封头所组成，并由支架支撑在罐底上。其优点是维修方便，可以不清罐，将加热器抽出来，在罐外修理。在维修时其他局部加热器仍可继续工作，不影响油罐的正常运行。

U 型管式热器可布置在出油管附近，也可沿罐圆周均匀布置，起全面加热作用。

Ω 型或 Π 型管式加热器如图 2–4 所示。Ω 型或 Π 型管式加热器采用 DN50 或 DN80 钢管现场制作，安装时加热器管沿蒸汽

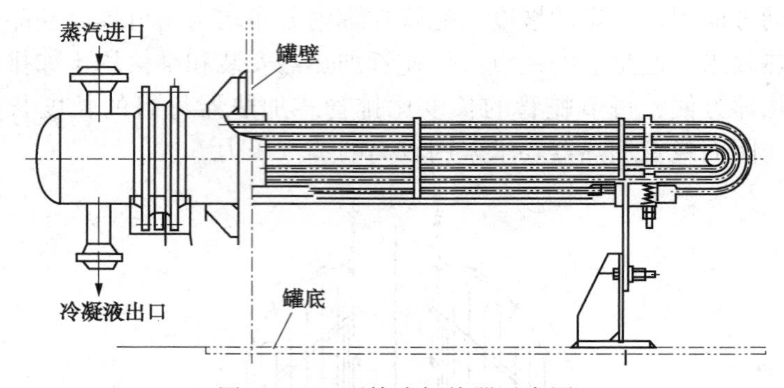

图 2-3　U 型管式加热器示意图

流动方向保持一定的坡度。Ω 型或 Π 型管式加热器通常用于油罐中油品维持温度且加热面积小的工况，其优点是热应力状态好、不易泄漏、流动阻力小并可以分组操作。

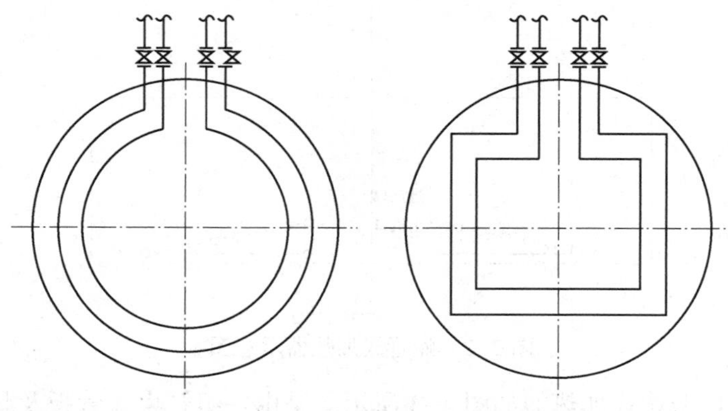

图 2-4　Ω 或 Π 型管式加热器示意图

2. 罐加热介质的选用原则

（1）选择加热介质时，应避免油品过热降质。

（2）油品加热温度小于 95℃ 时，一般宜采用小于或等于 0.3MPa 蒸汽，并应尽可能利用装置余热产生的低压蒸汽，油品加热温度大于 120℃ 时，一般宜采用大于或等于 0.6MPa 蒸汽。

（3）当全厂设有利用装置余热产生的热水系统时，若油品加热温度小于50℃，在经济合理的前提下，可优先采用热水作为加热介质。

（4）当高温位油品加热，采用局部加热器和罐内加热器相结合的方案时，局部加热器若采用压力较高的蒸汽，则可将高压冷凝水经疏水器送入闪蒸罐，闪蒸产生的低压蒸汽可送入罐内加热器，将蒸汽分级使用，充分利用潜热。

二、加热计算

1. 储罐加热器的计算[1,2]

所介绍储罐加热器的计算方法，为地上立式钢制油罐加热器的计算，包括保温储罐和不保温储罐，仅适用于储罐内部排管式加热器，本方法所用的热源为中、低压水蒸气，其加热方法为间接加热法。

1）主要计算参数的选定。

（1）环境温度：计算加热器面积和储罐最大蒸汽消耗量时，取最冷月平均温度；当计算储罐年蒸汽消耗量时取全年平均温度。

（2）风速：当计算加热器面积和储罐最大蒸汽消耗量时取冬季平均风速，当计算年蒸汽消耗量时，取全年平均风速。

（3）储油高度：计算加热器面积和储罐最大蒸汽消耗量时，取满罐高度；计算储罐年蒸汽消耗量时，对原油罐取满罐高度的0.7，对中间原料罐和成品罐取满罐高度的0.5。

（4）油品加热始温（t_{be}）可以根据调查和测定来确定。

（5）油品加热终温（t_{en}）根据作业目的确定。一般情况下可参考以下的推荐值：

a. 如果为了输转，加热终温一般可高于凝点5～15℃；

b. 对于商品燃料油，常用的卸油和输油温度可参考表2-16。

表 2-16　卸油和输油时的加热温度

油品种类	燃料油牌号				
	1~4 号轻	4 号	4 号、5 号重	6 号	7 号
加热终温/℃		40	50	≤55	≤95

为了防止突沸冒罐。含有水分的油罐其加热终温不应超过 90℃。

2）油品平均温度及定性温度确定。

油品平均温度按式(2-13)计算。

$$t_{av} = t_{ai} + \frac{t_{en} - t_{be}}{\ln[(t_{en} - t_{ai})/(t_{be} - t_{ai})]} \tag{2-13}$$

式中　t_{en}——油品加热终温,℃;

t_{ai}——油罐所在区环境温度,℃;

t_{be}——油品加热始温,℃;

t_{av}——油品平均温度,℃。

定性温度按式(2-14)计算。

$$t_{qu} = \frac{t_{av} + t_{wc}}{2} \tag{2-14}$$

式中　t_{qu}——定性温度,℃;

t_{wc}——罐壁推算温度,℃。

3）油罐传热系数计算。

（1）罐壁传热系数按式(2-15)计算:

$$k_{tw} = \frac{1}{1/\alpha_{1tw} + \delta_{tw}/\lambda_{tw} + 1/(\alpha_{2tw} + \alpha_{3tw})} \tag{2-15}$$

式中　k_{tw}——罐壁传热系数，W/(m^2·℃);

α_{1tw}——从油品至罐壁的内部放热系数，W/(m^2·℃);

δ_{tw}——罐壁保温层的厚度，m;

λ_{tw}——罐壁保温层的导热系数，W/(m·℃);

α_{2tw}——从罐壁至大气的外部放热系数，W/(m^2·℃);

α_{3tw}——从罐壁至大气的辐射放热系数，W/(m^2·℃)。

油罐内壁放热系数按式(2-16)~式(2-26)计算：

$$\alpha_{1tw} = m\lambda_{op}^{tqu}\ (GrPr)^{n}/H_{op} \tag{2-16}$$

$$\lambda_{op}^{tqu} = 0.101(1 - 0.00054t_{qu})\gamma_{op}^{15} \tag{2-17}$$

$$\gamma_{op}^{15} = \gamma_{op}^{20} - 5a \tag{2-18}$$

$$a = 8.97\times10^{-4} - 13.2\times10^{-4}(\gamma_{op}^{20} - 0.7) \tag{2-19}$$

$$Gr = g\beta\ (H_{op})^{3}\Delta t/\ (\nu_{op}^{tqu})^{2} \tag{2-20}$$

$$\beta = \frac{\gamma_{op}^{20} - \gamma_{op}^{tqu}}{\gamma_{op}^{tqu}\times(t_{qu} - 20)} \tag{2-21}$$

$$\gamma_{op}^{tqu} = \gamma_{op}^{20} - a(t_{qu} - 20) \tag{2-22}$$

$$\nu_{op}^{tqu} = \nu_{op}^{t1}\times e^{-u(t_{qu}-t_{1})} \tag{2-23}$$

$$U = \frac{\ln(\nu_{op}^{t1}/\nu_{op}^{t2})}{t_{2} - t_{1}} \tag{2-24}$$

$$Pr = \nu_{op}^{tqu}\times\gamma_{op}^{tqu}\times C_{op}^{tqu}\times10^{6}/\lambda_{op}^{tqu} \tag{2-25}$$

$$C_{op}^{tqu} = 4.1868(0.403 + 0.00081t_{qu})/\ (d_{op}^{15})^{0.5} \tag{2-26}$$

式中 λ_{op}^{tqu}——油品在定性温度时的导热系数，W/(m·℃)；

γ_{op}^{15}——15℃时的油品密度，t/m^3；

γ_{op}^{20}——20℃时的油品密度，t/m^3；

a——油品容重的温度修正系数，1/℃；

g——重力加速度(9.81)，m/s^2；

H_{op}——油品的实际储存高度，m；

β——油品在定性温度时的体积膨胀系数，1/℃；

γ_{op}^{tqu}——定性温度时的油品密度，t/m^3；

Δt——油品平均温度与罐壁推算温度的差值，℃；

ν_{op}^{tqu}——油品在定性温度时的运动黏度，m^2/s；

U——黏度的温度系数；

ν_{op}^{t1}——已知 t_1 温度时的油品黏度，m^2/s；

ν_{op}^{t2}——已知 t_2 温度时的油品黏度，m^2/s；

Pr——普朗特准数，无因次；

γ_{op}^{tqu}——定性温度时油品的密度，t/m^3；

C_{op}^{tqu}——定性温度时油品的质量热容，kJ/(kg·℃)；

d_{op}^{15}——15℃时的油品相对密度，无因次。

式(2-16)中，系数 m 和 n 决定于 $Gr\times Pr$ 的值，参见表2-17。

表 2-17　系数 *m* 和 *n* 值

$Gr\times Pr$	m	n
$\leqslant 10^{-3}$	0.5	0
$10^{-3}<\sim\leqslant 5\times10^{2}$	1.18	1/8
$5\times10^{2}<\sim\leqslant 2\times10^{7}$	0.54	1/4
$>2\times10^{7}$	0.135	1/3

罐壁保温层热阻(δ_{tw}/λ_{tw})的计算：

当罐壁未设保温层时，钢板热阻可忽略不计。当罐壁设有保温层时，只计算保温层的热阻即可。

罐壁外部放热系数按式(2-27)~式(2-31)计算。

$$a_{2tw}=m_{ex}\lambda_{ai}\,(Re)_{ex}^{n}/D_{av} \tag{2-27}$$

$$\lambda_{ai}=\lambda_0\frac{273+C'}{T+C'}\left(\frac{T}{273}\right)^{3/2} \tag{2-28}$$

$$Re=v_{ai}D_{av}/\nu_{ai} \tag{2-29}$$

$$\nu_{ai}=\mu_0\frac{273+C}{T+C}\left(\frac{T}{273}\right)^{3/2}\left(\frac{g}{\gamma_{gas}}\right) \tag{2-30}$$

$$\gamma_{gas}=1.252\times\frac{273}{T} \tag{2-31}$$

式中　λ_{ai}——空气导热系数，W/(m·℃)；

λ_0——空气在0℃时的导热系数(λ_0=0.0237)，W/(m·℃)；

T——空气的绝对温度(T=273+t_{ai})，K；

C'——常数(C'=125)；

Re——雷诺数，无因次；

v_{ai}——冬季平均风速，m/s；

ν_{ai}——空气的黏度，m^2/s；

μ_0——空气在0℃时的绝对黏度，kg·s/m²，$\mu_0=1.755\times10^6$；

C——常数(在1绝压下 $C=124$)；

γ_{gas}——空气在 t_{ai} 时的密度，kg/m³。

式(2-27)中系数 m_{ex}、n_{ex} 决定于 Re 值，参见表2-18。

表2-18 系数 m_{ex} 和 n_{ex} 值

Re 系数	$\leqslant 80$	$80<Re\leqslant 5\times10^3$	$5\times10^3<Re\leqslant 5\times10^4$	$>5\times10^4$
m_{ex}	0.81	0.625	0.197	0.023
n_{ex}	0.40	0.46	0.60	0.80

罐壁辐射放热系数按式(2-32)计算。

$$\alpha_{3tw}=\varepsilon_{tw}C_s\{[(t_{wc}+273)/100]^4-[(t_{ai}+273)/100]^4\}/(t_{wc}-t_{ai}) \tag{2-32}$$

式中 ε_{tw}——罐壁黑度，参见表2-19；

C_s——黑体辐射系数(取值5.7)，W/(m²·℃)；

其余符号同前。

表2-19 不同涂料的黑度

涂料名称	$\varepsilon_{t\omega}$
黑颜色	1
白色珐琅质	0.91
白色涂料(白、奶白)	0.77~0.84
颜色涂料	0.91~0.96
铝色涂料	0.27~0.67
银灰漆	0.45
氧化的钢材，无涂料	0.82
有光泽的镀锌钢材，无涂料	0.23
氧化的镀锌钢材，无涂料	0.28

罐壁推算温度(t_{wc})可先假设一个略小于油品平均温度的数值进行试算，然后用热平衡方程式校核，能满足 $|t_{wc}+(t_{av}-t_{ai})k_{tw}/\alpha_{1tw}-t_{av}|\leqslant 1$℃时，则可认为假设值合适，即可

取用该条件下的罐壁传热系数(k_{tw})。

采用计算机程序计算时，校核则应提高精度，以能满足 $|t_{wc}+(t_{av}-t_{ai})k_{tw}/\alpha_{1tw}-t_{av}|\leqslant 0.1$℃即可。

(2) 罐顶传热系数按式(2-33)~式(2-42)计算。

$$K_{tr} = 1/[1/\alpha_{1tr} + 1/\alpha_{gas} + \delta_{tr}/\lambda_{tr} + 1/(\alpha_{2tr} + \alpha_{3tr})] \tag{2-33}$$

式中 K_{tr}——罐顶传热系数，W/(m^2·℃)；

α_{1tr}——从油面至混合气体空间的内部放热系数，W/(m^2·℃)；

α_{gas}——混合气体空间的放热系数，W/(m^2·℃)；

δ_{tr}——罐顶保温层的厚度，m；

λ_{tr}——罐顶保温层的导热系数，W/(m·℃)；

α_{2tr}——从罐顶至大气的外部放热系数，W/(m^2·℃)；

α_{3tr}——从罐顶至大气的辐射放热系数，W/(m^2·℃)。

从油面至混合气体空间的内部放热系数很难精确计算，可参考采用下述经验式(2-34)、式(2-35)和式(2-36)。

当 $Gr \cdot Pr \geqslant 2\times107$ 时：

$$\alpha_{1tr} \approx 1.14\sqrt[3]{t_{of} - t_{gas}} \tag{2-34}$$

当 $5\times102 \leqslant Gr \cdot Pr < 2\times107$ 时：

$$\alpha_{1tr} \approx 5.47\sqrt[4]{t_{of} - t_{gas}} \tag{2-35}$$

$$t_{gas} \approx 12 + 0.4t_{of} \tag{2-36}$$

$$GrPr = \frac{g\ (H_{gas})^3 \Delta t \beta_{gas} \gamma_{gas} C_{gas} \times 10^3}{\nu_{gas} \lambda_{gas}} \tag{2-37}$$

$$\Delta t = t_{of} - t_{rc} \tag{2-38}$$

$$t_{rc} = (t_{gas} + t_{ai})/2 \tag{2-39}$$

$$\beta_{gas} = 1/(273 + t_{gas}) \tag{2-40}$$

$$C_{gas} \approx 4.1868 \times 0.241 + (t_{gas} - 10) \times 0.001 \div 30 \tag{2-41}$$

$$\alpha_{gas} = 1.31\sqrt[4]{t_{of} - t_{rc}} \tag{2-42}$$

式中　t_{of}——油面温度(升温时取加热终温，维持温度时取油品平均温度),℃。

t_{gas}——混合气体温度,℃。

H_{gas}——混合气体空间的高度，m;

Δt——油面温度和罐顶温度的差值,℃;

t_{rc}——罐顶温度,℃;

β_{gas}——混合气体的膨胀系数，1/℃;

γ_{gas}——混合气体的密度，按式(2-31)近似地计算，kg/m^3;

C_{gas}——混合气体的热容，按空气的热容计算公式近似地计算，kJ/(kg·℃);

ν_{gas}——混合气体的运动黏度，m^2/s，按式(2-30)近似地计算;

λ_{gas}——混合气体的导热系数，W/(m·℃)，按式(2-28)近似地计算。

罐顶不设保温层时，钢板热阻影响甚微，可忽略不计；当罐顶设有保温层时，只计算保温层的热阻(δ_{tr}/λ_{tr})即可。

罐顶外部放热系数按式(2-27)计算。

罐顶辐射放热系数按式(2-32)计算，但该式中的罐壁推算温度 t_{wc} 应改为罐顶温度 t_{rc}。

(3) 罐底传热系数按式(2-43)计算。

$$K_{tb} = 1/(1/\alpha_{1tb} + \delta_{tb}/\lambda_{tb} + \pi D_{tb}/8\lambda_{so} \tag{2-43}$$

式中　K_{tb}——罐底传热系数，$W/(m^2 \cdot ℃)$;

α_{1tb}——从油品至罐底的内部放热系数，$W/(m^2 \cdot ℃)$;

δ_{tb}——罐底积垢的厚度，m;

λ_{tb}——罐底积垢的导热系数，W/(m·℃);

D_{tb}——罐底直径(取平均直径亦可)，m;

λ_{so}——油罐区的土壤导热系数，参见表2-20，W/(m·℃)。

罐底内部放热系数 α_{1tb} 可按式(2-16)进行计算，但公式中的定性尺寸应将油品的实际储存高度改为罐底直径，并将计算结果乘以 0.7。这是考虑到将竖板放热公式改用于横板放热且放热面向下时，因而放热强度要减弱，故乘以修正系数。

罐底钢板热阻影响甚微，可忽略不计。罐底积垢厚度 δ_{tb} 可视油品清洁程度而取值 1~2cm；积垢导热系数可取值 0.407W/(m·℃)。

土壤热阻($\pi D_{tb}/8\lambda_{so}$)的计算应按油罐所在地的地质情况选择土壤导热系数，可参见表 2-20 内的数据。

表 2-20　土壤的导热系数

土壤	状态	λ_{so}/[W/(m·℃)]
砾石	干燥	0.35
砂	干燥	0.35
亚黏土	干燥	1.05
黏土	干燥	1.16
砂	中等湿度	1.75
亚黏土	中等湿度	1.40
黏土	中等湿度	1.40
砂	潮湿	2.33
亚黏土	潮湿	1.86
黏土	潮湿	1.86

4）油罐传热系数的经验推荐数值。

罐壁不设保温层时其传热系数变化范围较大[4.65~8.14W/(m^2·℃)]，建议按照前述公式采用计算机程序计算。

罐壁设有聚氨酯泡沫保温层(厚 40mm)的传热系数可采用 0.93~1.05W/(m^2·℃)(设有保护层时采用低值，未设保护层时采用高值)。或者采用 $K_{tw}=0.95/\sum\delta_i/\lambda_i$ 简单公式计算亦可(式中 $\sum\delta_i/\lambda_i$ 为罐壁的总热阻)。

罐顶传热系数主要受混合气体温度场变化的影响，当罐顶未设保温层时，推荐表 2-21 数值。

表 2-21　罐顶传热系数推荐值

t_{of}/℃	<40	$40 \leq t_{of} < 60$	$60 \leq t_{of} < 80$	$80 \leq t_{of} < 110$	$110 \leq t_{of} < 150$	≥150
K_{tr}/[W/(m^2·℃)]	1.2	1.3	1.4	1.5	1.6	1.7

罐底传热系数一般可采用 0.23~0.47W/(m^2·℃)。

5）单位时间内单个油罐加热耗量按式(2-44)~式(2-51)计算。

$$Q_{al} = Q_{rt}/\tau_{he} + Q_{tw} + Q_{tr} + Q_{tb} \tag{2-44}$$

$$Q_{rt}/\tau_{he} = GC_{op}^{tqu}(t_{en} - t_{be})/\tau_{he} \tag{2-45}$$

$$G = \pi D_{av}^2 C_{op}^{tqu}(t_{en} - t_{be})/\tau_{he} \tag{2-46}$$

$$Q_{tw} = K_{tw}F_{tw}(t_{av} - t_{ai}) \tag{2-47}$$

$$Q_{tr} = K_{tr}F_{tr}(t_{av} - t_{ai}) \tag{2-48}$$

$$Q_{tb} = K_{tb}F_{tb}(t_{av} - t_{gr}) \tag{2-49}$$

式中　Q_{al}——单个油罐加热总耗量，kJ/h；

Q_{rt}——油品升温时所需热量(若系维持油温，该项热量为零)，kJ；

τ_{he}——升温时间(根据工艺操作周期的要求确定)，h；

Q_{tw}——罐壁热量损失，kJ/h；

Q_{tr}——罐顶热量损失，kJ/h；

Q_{tb}——罐底热量损失，kJ/h；

G——被热油品的总质量，kg；

C_{op}^{tqu}——定性温度时油品热容，kJ/(kg·℃)；

F_{tw}——罐壁散热面积(按实际储油高度计算)，m^2；

F_{tr}——罐顶面积及罐壁混合气体空间的面积之和，m^2；

F_{tb}——罐底散热面积，m^2；

t_{gr}——油罐所在地区最冷月份的地表温度，℃。

对于一般油品热容可按式(2-26)计算。对于我国主要大型油田所产原油推荐采用式(2-50)、式(2-51)计算。

Ⅰ区：油温在75℃～T_1之间，$C_{op}^{tqu}=C_o$(常数见表2-22)。

Ⅱ区：油温在T_1～T_2之间：

$$C_{op} = 1 - A \times e^{nt} \tag{2-50}$$

Ⅲ区：油温在T_2～0℃之间：

$$C_{op} = 1 - B \times e^{-mt} \tag{2-51}$$

式中 t——油品平均温度,℃；

A、B——常数(见表2-22)，J/(g·℃)；

n、m——常数(见表2-22)，1/℃。

表2-22 四种原油热容温度关系式参数值

参数 原油	A/[J/(g·℃)]	B/[J/(g·℃)]	n/(1/℃)	m/(1/℃)	C_o/[J/(g·℃)]	T_1/℃	T_2/℃
大庆原油	0.9085	1.7585	0.01732	0.01567	2.1060	47.5	20
胜利原油	0.4840	1.9255	0.03465	0.01164	2.1227	42	30
濮阳原油	0.6753	1.7258	0.0254	0.01217	2.2232	41.3	25
任丘原油	0.1970	0.1888	0.04761	0.02116	2.1395	49	335

6) 加热器面积按式(2-52)计算。

$$F_{ht} = Q_{al}/\{K_{ht}[(t_1 + t_2)/2 - t_{av}]\}/3.6 \tag{2-52}$$

式中 F_{ht}——加热器的计算面积，m²；

K_{ht}——加热器的传热系数，W/(m²·℃)；

t_1——加热器的热源进口温度,℃；

t_2——加热器的热源出口温度,℃。

一般情况下热源按饱和蒸汽考虑，同时不考虑凝结水的过冷却，所以t_1和t_2可采用相应的饱和温度。

加热器传热系数的计算：

$$K_{ht} \cdot d_{hp} = 1/\left\{1/(\alpha_1 \cdot d_1) + \sum_{i=1}^{n}[\ln(d_i + 1/d_i)/2\lambda_i] + 1/(\alpha_2 \cdot d_{n+1})\right\} \tag{2-53}$$

式中 d_{hp}——加热管的计算直径，m；

α_1——从热源至加热管内壁的传热系数，W/(m²·℃)；

d_i——加热管的内外直径以及计入水垢、油污等沉积物后各层的直径，m；

λ_i——水垢、油污等沉积物的导热系数，W/(m·℃)；

α_2——从加热管最外层至油品的外部传热系数，W/(m²·℃)。

由于蒸汽在加热管内的运动速度甚快，蒸汽本身黏度又小，因此常处于紊流状态。α_1 的数值常在 3500~11630W/(m²·℃)范围内，从而在式(2-53)中的 $1/(a_1 \cdot d_1)$ 其值甚小，在实际计算中可以忽略不计。再考虑到 d_{hp} 与 d_{n+1} 之间的差别不大，于是式(2-53)可以简化为：

$$K_{ht} = 1/(1/\alpha_2 + R) \tag{2-54}$$

$$\alpha_2 = m \cdot \lambda_{op}^{tqu} \cdot (Gr \cdot Pr)^n / d_{os} \tag{2-55}$$

式中 R——附加热阻（综合考虑沉积物对传热的影响），m²·℃/W，参见表2-23；

d_{os}——加热管外径，m。

表 2-23 附加热阻 **R** 值

应用条件	R/(m²·℃/W)
1. 油品洁净，不易在加热管上结垢	0.00086
2. 加热管较新，无铁锈	
3. 热源系超过 0.5MPa 的蒸汽	
1. 油品不很洁净，油温较高，易结垢	0.0017
2. 加热管较旧	
3. 热源系 0.2~0.5MPa 的蒸汽	
1. 油品不洁净	0.0026
2. 加热管铁锈较多	
3. 热源系低于 0.2MPa 的蒸汽	

7）单个油罐单位时间蒸汽耗量的计算。

炼油厂用于油罐加热的热源一般为中压过热蒸汽（绝压 1MPa 左右），但进入比较偏远的油罐区后，大多变为小于绝压

1MPa 的饱和蒸汽。因此计算蒸汽消耗量时，可按入口是干饱和蒸汽、出口是饱和冷凝水来考虑，耗量可按式(2-56)计算。

$$G_{st} = \frac{Q_{al}}{h_s - h_w} \tag{2-56}$$

式中 G_{st}——加热器的蒸汽耗量，kg/h；

h_s——干饱和蒸汽热焓，kJ/kg；

h_w——饱和冷凝水的热焓，kJ/kg。

干饱和蒸汽和饱和冷凝水的常用热焓参数见表 2-24。

表 2-24 饱和蒸汽和饱和冷凝水的参数

蒸汽(绝)/MPa	饱和温度/℃	蒸汽热焓/(kJ/kg)	冷凝水热焓/(kJ/kg)
0.10	99.09	2674.1	415.3
0.15	110.79	2692.5	464.7
0.20	119.62	2705.9	502.2
0.30	132.88	2724.8	558.9
0.40	142.92	2737.7	601.6
0.50	151.11	2747.8	636.8
0.60	158.08	2756.2	667.4
0.70	164.17	2762.9	693.8
0.80	169.61	2768.3	717.6
0，90	174.53	2772.9	739.0
1.00	179.04	2775.4	758.6
1.10	183.20	2780.0	777.1
1.20	187.10	2782.1	794.2
1.30	190.70	2784.6	810.6

2. 油罐车加热计算[1]

油罐车内油品平均温度的计算与油罐内油品平均温度的计算方法相同，应采用式(2-13)计算。油罐车加热所需热量包含油罐车内油品升温热量和加热过程中损失热量两部分。

1）罐车内油品升温所需热量可按式(2-57)计算。

$$Q_1 = G \times C_{oil}(t_{en} - t_{be}) \tag{2-57}$$

式中 Q_1——罐内油品升温所需热量，kJ；

G——罐内油品总重量，kg；

C_{oil}——罐内油品的质量热容，kJ/kg·℃，其取值同上述油罐加热计算。

2）罐车内油品加热过程中损失热量可按式（2-58）计算。

$$Q_2 = [\alpha_1 F_1(t_{av} - t_{am}) + \alpha_2 F_2(t_{ow} - t_{am})] \times \tau \tag{2-58}$$

式中 Q_2——罐车内油品加热过程中损失的热量，kJ；

α_1——油罐车内油品经罐车上半部罐壁的放热系数，kJ/(m^2·h·℃)；可取25.1~33.5kJ/(m^2·h·℃)；

α_2——蒸汽经加热套外罐壁的放热系数，kJ/(m^2·h·℃)；可取83.7~104.7kJ/(m^2·h·℃)；

F_1——罐车上半部罐壁面积，m^2；

F_2——罐车加热套外罐壁面积，m^2；

t_{av}——油罐车内油品平均温度，℃；

t_{am}——环境温度，℃；

τ——罐车的加热时间，h。

3）单位时间内加热套传给罐车内油品的热量可按式（2-59）计算。

$$Q_3 = KF_3\left(\frac{t_{st} + t_{cw}}{2} - t_{av}\right)/\varphi \tag{2-59}$$

式中 Q_3——单位时间内加热套传给罐车内油品的热量，kJ/h；

K——传热系数，可取209.3~628kJ/(m^2·h·℃)，蒸汽与油品温差较大时取大值；

F_3——罐车加热套内罐壁面积，m^2；

t_{st}——饱和蒸汽温度，℃；

t_{cw}——冷凝水温度，℃；

φ——冷凝水过冷系数，当蒸气压力≤0.2MPa时取1.02，当蒸气压力≤0.4MPa并大于0.2MPa时取1.05。

4）罐车加热时间：

$$\tau = \frac{Q_1}{Q_3 - \alpha_1 F_1 (t_{av} - t_{am})} \tag{2-60}$$

当计算出的加热时间超过允许的停车时间时，则应采取提高蒸气压力的办法，重新计算以降低 τ 值满足铁路罐车停留时间的要求。

5）加热一辆罐车所需的蒸汽量：

$$G_{st} = \frac{Q_1 + Q_2}{(h_s - h_w)\tau} \tag{2-61}$$

第五节　储 存 设 备

储罐是储运工艺中的重要设备之一，在整个储运系统的投资额中约占 30% ~40%，因此在确定储罐的类型时，必须考虑系统整体的经济性和安全性。如果储存的物料具有易燃、易爆性质，还必须考虑防火和防爆措施。对于一些工艺上的特殊要求，采用特殊的措施，例如，使用内浮顶罐时，同时也选用氩气或氮气等惰性气体加以密封的密闭式储存，一方面有利于提高储存质量，另一方面也有利于提高储存的安全性。

一、储罐的分类和选型

在炼油厂中常用的储罐类型主要有立式圆筒形储罐、球形储罐、气柜和料仓等。常见各种物料所用的储罐类型见表 2-25。

表 2-25　各类介质可以选用的储罐型式

介质		常用的储罐型式	备注
气体	低压、高压 液化气体	气柜 球罐、卧罐 球罐、卧罐、低温立式罐	湿式气柜设计压力≤4kPa

续表

介质		常用的储罐型式	备注
液体	水和不易挥发	立式圆筒形储罐	
	低挥发性	浮顶罐、固定顶罐	
	高挥发性	浮顶罐、内浮顶罐	
固体	粉料、块料	料仓	

注：介质的形态是指在标准大气压条件和环境温度下，介质的物理状态。

二、立式圆筒形储罐

1. 立式圆筒形钢制焊接储罐

在炼油企业中采用最多的是立式圆筒形钢制焊接储罐。其结构型式如表2-26和图2-5所示。

表2-26　立式圆筒形钢制焊接储罐分类

序号	储罐种类	罐顶结构	说明
1	外浮顶	单盘式	
		双盘式	
2	固定顶	拱顶	自支承
		锥顶	柱支承
3	内浮顶	铝制内浮顶	自支承
		钢制内浮顶	柱支承

从图2-5可以看出，立式圆筒形储罐是由平的罐底、圆柱形罐壁和罐顶三大部分组成，各种类型的立式储罐的罐底和圆柱形罐壁的结构型式是相同的，而罐顶的变化却相对比较大，有随着储存介质液面的升降上下浮动的浮顶、也有位置不动的固定罐顶。固定罐顶按其支撑型式分为柱支撑和自支撑两种。其中拱顶又按结构型式分为光壳的拱顶、有肋拱顶和网架顶等结构。立式储罐的名称伴随着罐顶的不同形状，冠以不同名称，如锥顶储罐、拱顶储罐、浮顶储罐、网架顶储罐等。

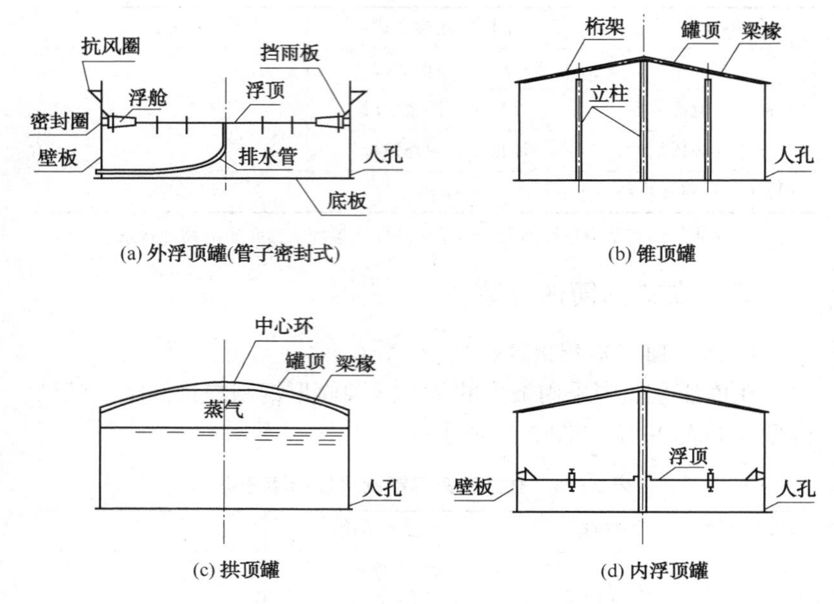

图 2-5　立式圆筒形钢制焊接储罐的结构型式

2. 各国立式储罐的设计和建造规范对比

许多国家都有各自的立式储罐的设计建造规范，目前国际上比较通用的以及国内现行的立式储罐设计建造规范列于表 2-27。

表 2-27　国内外常用立式储罐设计建造规范

国家	标准名称		标准编号	压力范围	用途
中国	《立式圆筒形钢制焊接油罐设计规范》	正文及附录 A	GB 50341—2014	-490～6000Pa	设计
	《立式圆筒形钢制焊接储罐施工规范》		GB 50128—2014		施工与验收
	《石油化工立式圆筒形钢制焊接储罐设计规范》	正文及附录 A	SH 3046—1992	-490～6000Pa (-50～600mmH_2O)	设计

续表

国家	标准名称		标准编号	压力范围	用途
美国	《钢制焊接石油储罐》	正文	APISTD650—2007	接近常压(内压不大于罐顶的单位面积的重力，约40mmH_2O)	设计与施工
	《大型焊接低压储罐的设计与建造》	附录F		内压不大于18000Pa	设计与施工
		正文	APISTD620—2008	内压不大于103.4kPa	设计与施工
日本	《钢制焊接油罐》	正文	JIS B 8501—1995 (R2007)	−36~40mmH_2O	设计与施工
英国	《石油工业用对焊罐壁立式钢制储罐》	正文	BS 2654	无压罐：−25~75mmH_2O	设计与施工
				低压罐：−60~200mmH_2O	
				高压罐：−60~560mmH_2O	

3. 立式储罐的设计参数和原则

1）立式储罐的容量：

立式储罐(以下简称为储罐)的容量，通常用立方米(m^3)表示，有些国家和地区用桶表示(1桶=0.159m^3)。

储罐的容量，对应不同的储液高度，有以下几种不同的名称：

(1) 储罐的几何容量(V_0)。几何容量是指储罐圆柱部分的体积，如图2-6所示，储液的高度等于储罐的罐壁高度或者是储罐的设计储液高度。储罐的几何容量按下式计算：

$$V_0 = \pi D^2 H/4 \tag{2-62}$$

式中 V_0——几何容量，m^3；

D——储罐内直径，m；

H——圆柱形罐壁的高度或设计液面高度，m。

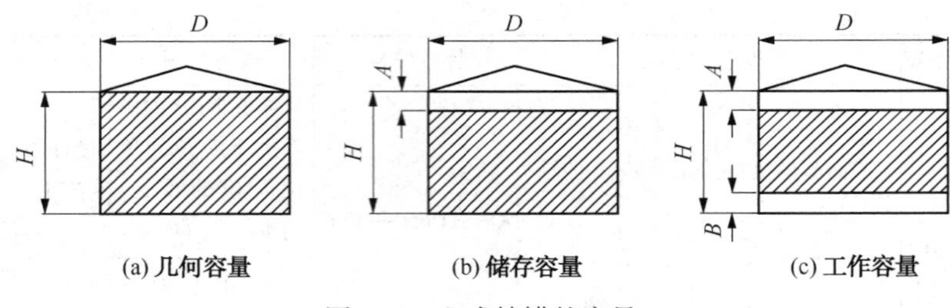

图 2-6　立式储罐的容量

（2）储罐的公称容量(V_n)：公称容量是几何容量圆整后，以拾、百、千、万表示的容量，例如 500m^3(五百立方米)；5000m^3(五千立方米)；50000m^3(五万立方米)；75000m^3(七万五千立方米)；100000m^3。(十万立方米)等。

（3）储罐的储存容量(V_c)：储存容量是指正常操作条件下，储罐允许储存的最大容量，见图 2-6(b)。

图 2-6(b)中，A 是由安全因素确定的预留高度，通常预留高度 A 的大小应考虑以下几个因素：

a. 储存介质在储存温度升高时，油品体积膨胀所引起的液位升高；

b. 罐壁的空气泡沫接管到油品液面之间的予留空间，以备在火灾事故时，保证油面上的泡沫覆盖层有足够的厚度；

c. 当采用压缩空气调和油品时，预留的液面起伏波动高度；

d. 紧急情况下，关闭储罐进油阀门期间内，罐内液位的升高量。

（4）储罐的工作容量(V_w)：工作容量(或有效容量，周转容量)是指在正常操作条件下，允许的最高操作液位和允许有最低液位之间容量、见图 2-6(c)。

图 2-6(c)中，B 是罐底部不能利用部分的高度(通常称为死区)，B 值的大小与储液出口的结构及标高和油品含水量有关。工艺操作上使用储罐作为脱水罐时，通常 B 值较大。

对于多数储罐而言，储罐的工作容量是最重要的，直接影响储罐的运转能力和周转量。

2）立式储罐承受的荷载：

作用在立式储罐上的荷载，主要分为静荷载、操作荷载和动荷载三大类。

（1）储罐的静荷载：

a. 储罐自重。储罐自重包括罐底、罐壁、罐顶的质量及附件和配件的质量。

b. 隔热层重量。当储罐有保温或保冷层时，隔热材料及结构的重量(包括支承构件，外部保护层的重量等)。

c. 附加荷载(或活荷载)。储罐顶部检修人员及工具的重量等外荷载，一般不小于700Pa。

d. 储存液体的静液压力。按储存液体的实际密度和水的密度分别计算静液压力，确定罐壁厚度。

e. 雪荷载。我国各地区的基本雪压值可以按现行国家标准《建筑结构荷载规范》GB 50009确定。

（2）储罐操作荷载：储罐操作荷载是在正常操作时，储罐内气相空间的正压和负压造成的荷载。

a. 正压。储罐气相空间的压力(表压)由储罐的操作条件决定。罐内气相空间的压力和静液压力的组合载荷，作用于罐壁和罐底；罐内气相空间的压力作用于罐顶，并在罐壁与罐顶的连接处产生较大的局部应力。

b. 负压。负压是由于储罐在抽液时或储罐周围环境温度急剧变化时在罐内气相空间形成的，对于一般的平底立式储罐，罐内的操作负压不大于-490Pa(-50mmH_2O)。

（3）储罐的动荷载：

a. 风荷载。立式储罐在风荷载作用下会发生稳定性破坏；

我国各地区的基本风压值可以按现行国家标准《建筑结构荷载规范》GB 50009确定。也可以采用建罐地区业主确定的实际风压值，但不得小于该地区的基本风压值。

b. 地震荷载。地震荷载作用下可能会使储罐破坏(如焊缝撕裂、接管破损、储罐基础变形等)导致严重的灾害。在地震设防烈度大于等于7度的地区，建造的储罐应按现行国家标准《立式圆筒形钢制焊接储罐设计规范》GB 50341—2014和标准《石油化工钢制设备抗震设计规范》SH3048—1999进行抗震设计。

3）立式储罐的设计压力和设计温度：

（1）设计压力：立式储罐的设计压力是由储存介质的工况按照罐顶的压力——真空阀(或呼吸阀)的设定压力确定的。

当固定顶罐的罐顶有直通大气的开口(如鹅颈管)时，为无内压储罐，即常压储罐。从安全角度考虑，常压罐的设计内压不宜小于750Pa(或75mmH_2O)。操作压力大于750Pa的储罐应按照所受的内压作用选取设计压力。

浮顶罐和内浮顶罐由于液面以上的压力与大气压力几乎相等，设计内压一般不大于400Pa(40mmH_2O)。

对于特定工况的立式储罐，如低温储罐、石脑油储罐等的设计压力必须按照操作工况，由实际的工艺条件确定。立式储罐还必须考虑负压的工况。避免在出油操作时，在罐内形成负压，造成罐壁及罐顶被抽瘪而破坏。

（2）设计温度：立式储罐的设计温度，主要应当考虑储存介质的操作温度和建罐地区环境温度的影响。一般情况下，立式储罐设计温度的上限不高于250℃，设汁温度的下限高于-20℃。

储存介质的操作温度高于40℃并且罐内有加热器的储罐，设计温度不得低于最高操作温度，或储存介质进罐时的最高温度。

仅在环境条件下储存并且罐内也不设加热器的储罐，为了储罐的安全运转，应考虑环境低温的影响。在最冷月实地测定结果表明，已经储存了液体介质的罐壁温度通常比环境温度高。考虑了储罐内部介质的影响，设计温度的下限取建罐地区历年最低日平均温度加上13℃。对于受环境影响，设计温度低于-20℃的特殊情况，必须考虑低温对材料性能、结构型式等方面的影响。操作温度等于低于-20℃的储罐，应当按照低温储罐设计，设计温度的下限由特定的工况确定。

4）立式储罐用钢材：

由于受到运输条件的限制，储罐直径大于5m时，通常是在建罐现场拼装、组焊而成。这就要求建造储罐的钢材具有良好的冷加工性能和焊接性能。当储存介质对铁离子含量有严格要求时，常用不锈钢建造储罐。对于大多数油品储罐，一般采用碳素钢和低合金钢。

（1）储罐用国产钢材。储罐用国产钢板的钢号主要为Q235A、Q235B、Q245R、Q345R、12MnNiVR、06Cr19Ni10、06Cr17Ni12·Mo2等，其化学成分和力学性能详见相应的国家钢材标准。

（2）储罐用国产钢材的许用应力由于储罐在正常操作条件下主要是承受静液压作用，在正常操作条件下，为了保证储罐的安全运转不导致储罐溢流，最大的操作液面高度是罐壁高度的0.9左右。另外，在正常操作条件下储罐内部气相空间的压力波动不大，储罐周围环境温度的变化对储罐内部的影响不会是剧烈的。综合了以上因素以及国内外长期的使用经验，碳素钢和低合金钢板的许用应力是按照设计温度下材料屈服强度的三分之二确定的，在各国标准规范中大同小异。但是高合金钢的许用应力确定方法各国标准差异较大，设计者应注意。

5）立式储罐罐壁用钢材选用时应注意的问题：

（1）储罐壁板最大厚度的限制。一是对一定强度的钢板，由于储罐容量(尺寸)的增大，壁板厚度需相应增加，但钢板厚度加大质量难以保证，特别是最底圈的高强度钢板；二是随着壁板厚度的增加，为消除壁板在制造和焊接时产生的残余应力，就必须进行现场消除应力的热处理。而罐壁与罐底焊接后的热处理根本无法实现。鉴于上述两方面考虑，现行国家标准《立式圆筒形钢制焊接储罐设计规范》GB50341—2014的4.2.1和4.2.3条规定了储罐常用钢板最大厚度限制值。

（2）大型储罐应采用高强度钢。1985年中国从日本引进$10\times10^4m^3$原油浮顶罐，采用日本压力容器用钢SPV490Q高强度调质钢板，抗拉强度为 610~740MPa。1997~1998 年中国建成 $10\times10^4m^3$ 原油浮顶罐，采用国产低合金高强度钢 WH610D2（12MnNiVR），抗拉强度为 610~740MPa。

（3）各标准中许用应力应与其他计算参数按采用的标准规范配套使用。

三、固定顶储罐

固定顶储罐是储罐发展史上最早使用的钢制平底立式储罐，由罐底、圆柱形罐壁和固定在罐壁上端的罐顶三大部分组成的。各种立式储罐结构型式有多种类型，如锥顶、拱顶、伞形顶、网架顶等，由于罐顶的型式不同，对于不同罐顶型式的固定顶储罐，又分别称为锥顶罐、拱顶罐等。

1. 罐底

1）罐底的结构型式：

罐底可以分为两部分：罐底的边缘板和罐底中幅板。边缘板是指与罐壁连接处的罐底部分，中幅板是指距离罐壁约 600mm 以外的其余部分罐底。

由于储罐的直径比较大，罐底的排板型式主要有条形排板罐底和弓形边缘板罐底。罐底钢板之间的焊接有搭接结构和对接结构。

（1）条形排板罐底。常用于直径小于 12.5m 的储罐条形排板罐底见图 2-7。

（2）弓形边缘板罐底。储罐直径大于等于 12.5m 的罐，通常在罐底的外侧、罐壁的下端采用弓形边缘板，罐底的其余部分仍然是条形排版(习惯上称为中幅板)，如图 2-8 所示。由于弓形边缘板的厚度大于中幅板的厚度，并且在罐壁内的径向宽度也大于 600mm，这种结构有利于改善罐底和罐壁连接的受力状态，提高储罐的操作安全性。

弓形边缘板的径向尺寸一般应不小于 700mm，考虑到边缘板受力的复杂性和储罐长周期操作等因素，不包括腐蚀裕量的弓形边缘板的最小厚度，详见各标准规范的具体规定。

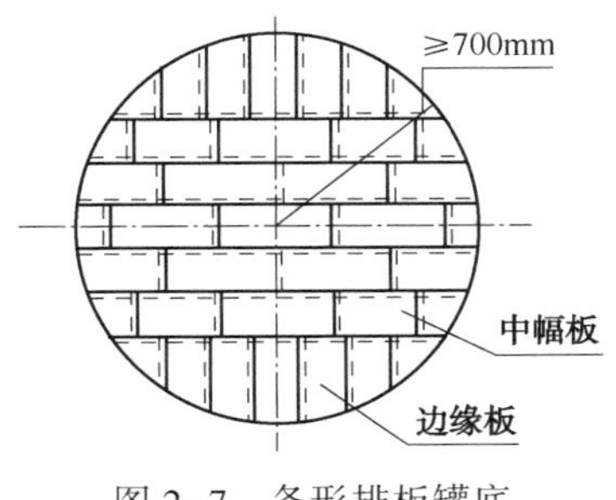

图 2-7　条形排板罐底

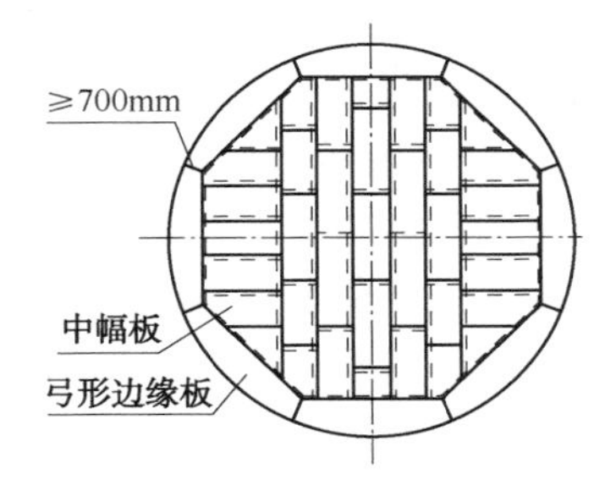

图 2-8　弓形边缘板罐底

2）罐底的坡度：

许多储存介质中不同程度的含有水或其他杂质，为了方便地将水或其他杂质从储罐内部分离出来，储罐底通常设计成有坡度的，以便于水或其他杂质向低点汇集。常用的罐底坡度型式，有锥底(中心高边缘低)、倒锥底(中心低边缘高)、单坡底(沿自径方向一、边高一边低)和平底，如图 2-9 所示。

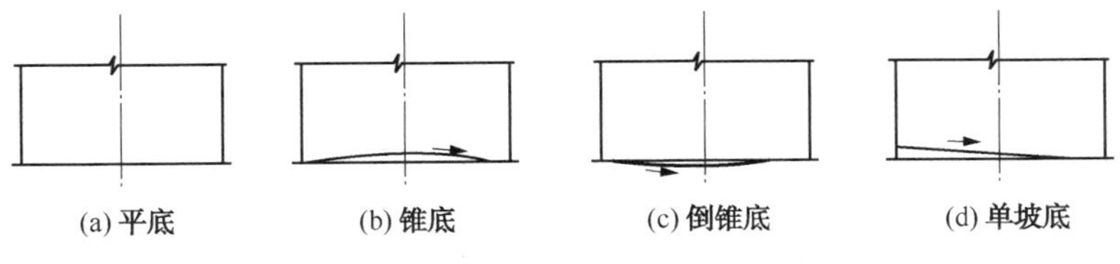

图 2-9　平底储罐的罐底坡度型式

平底储罐常用于容量不大于 $100m^3$，直径不大于 5m 的小容量储罐；锥底是国内目前使用最广泛的，其直径范围可以是数米，大者可以超过百米；倒锥底和单坡底的优点是油品与水及杂质的分离效果比较好，国内也有使用，但是相对于锥底而言数量比较少。由于罐底的坡度比较小，尽管图 2-9 的四种罐底坡度型式有所不同，习惯上仍然统称为平底储罐的罐底。

2. 罐壁

罐壁主要承受储液的侧向静压力，由于罐壁厚度比罐的半径小得多，在理论上认为罐壁是薄壁圆柱形壳体，在设计计算中仅考虑环向薄膜应力的作用。罐壁的厚度是由强度条件决定的，另外也必须考虑操作负压和风载荷作用下的稳定性。在地震设防区的储罐，还必须考虑在地震的条件下，储罐的安全、可靠性。

1）静液压力作用下罐壁的强度要求：

圆筒形罐壁主要承受储罐的静液压力，静液压力从上至下逐渐增大呈三角形分布，即沿着罐壁高度方向，罐壁上每一点承受的静液压力是不同的。在静液压力的作用下，薄壁圆筒形罐壁中每一点的应力不大于钢材的许用应力，是罐壁厚度设计的基本要求。

2）确定罐壁厚度的方法：

罐壁厚度的计算，目前主要有两种设计方法：即定点设计法和变点设计法。许多设计者有时也采用计算机应用程序(有限元法、数学分析等)，对储罐罐壁进行应力分析。

（1）定点设计法。对于每一层罐壁，以罐壁板下端以上的某一点处的静液压力为基准，作为该层罐壁板的设计压力，并且假定该层罐壁上每一点的静液压力均等于设计压力，认为每一层罐壁都是均匀内压作用下的薄壁圆筒。

“罐壁板下端以上的某一点”是考虑到下层罐壁的厚度通常大于相邻的上层罐壁厚度，使得上层罐壁板上的最大环向应力向上偏移进行的修正。在定点设计方法中，国内外广泛采用：罐壁板下端以上 0. 3m 处的液体静压力作为设计压力。

（2）变点设计法。由于每层罐壁的厚度可能是不相同的，较厚的下层罐壁会使上层的罐壁板中的最大应力点的位置向上移动，使得每一层罐壁中，最大应力点距下端的距离各不相同。用变点设计法确定的罐壁厚度比定点法更为经济合理。

美国石油学会标准《钢制焊接油罐》API STD 650 中，既规定了定点设计方法，也规定了变点设计方法。变点设计方法适用于大容量的储罐。

3. 固定顶

固定顶储罐的罐顶是罐壁以上的结构部件，为储存介质提供一个密封的封闭式顶，以保证介质具有良好的储存环境，而不受外部环境(如雨、雪、尘埃等)的影响。为了满足不同工况的要求，罐顶的结构应该具有承受内压作用的强度和承受负压作用的稳定性。

目前使用较多的罐顶型式有锥顶、拱顶、伞形顶、网壳顶、柱支承锥顶等。国内使用最多的是拱顶，自支承锥顶仅用于直径不大于 10m 的储罐，网壳顶多用于直径大于 35m 的储罐，柱支承锥顶罐在国外采用得较多，而国内很少使用。

1）锥顶：

锥顶一般是圆锥形的罐顶，自支承式锥顶的圆锥母线与水平线的夹角，一般不小于 9.5°(坡度 1∶6)；柱支承锥顶的圆锥母线与水平线的夹角一般不小于 3.5°(坡度 1∶16)。

(1) 自支承锥顶。自支承锥顶常用于直径不大于 10m 的立式储罐，罐内没有承受罐顶载荷的支柱，罐顶的载荷由罐壁的上部结构承受。

(2) 柱支承锥顶。柱支承锥顶是由支柱、梁和罐顶板组成的。罐顶的载荷是由顶板传向梁，再传向支柱，然后由储罐基础承受，只有靠近罐壁处的罐顶载荷是由罐壁承受的。柱支承锥顶在国内使用较少，但是在国外，使用相对较多。常用于储存挥发性较小的油品或类似介质。

2）自支承拱顶：

拱顶是球壳的一部分(即球冠)，球壳的半径通常是圆筒形罐壁直径的 0.8 倍至 1.2 倍。目前使用的拱顶分为光面球壳和带肋球壳二种，前者多用于罐直径小于 12m 的情况；后者一般用于直径大于 12m，且小于 32m 的储罐。

(1) 光面球壳。罐顶球壳是由多块钢板组装、焊接而成。

(2) 带肋球壳。带肋球壳是在球壳的内表面(或外表面)焊制适当肋条，使得罐顶具有更好的稳定性。在设计压力相同的条件下，随着储罐容量和直径的增大，光面球壳的设计厚度随之增加，从而使罐顶的钢材用量增大，投资费用增高。

当储罐的直径范围在 12~32m 时，基本上是采用带肋球壳作为储罐的罐顶。带肋球壳的受力特点是：球壳板和肋条构成的组合截面是承受载荷的主体。带肋球壳如图 2-10 所示。

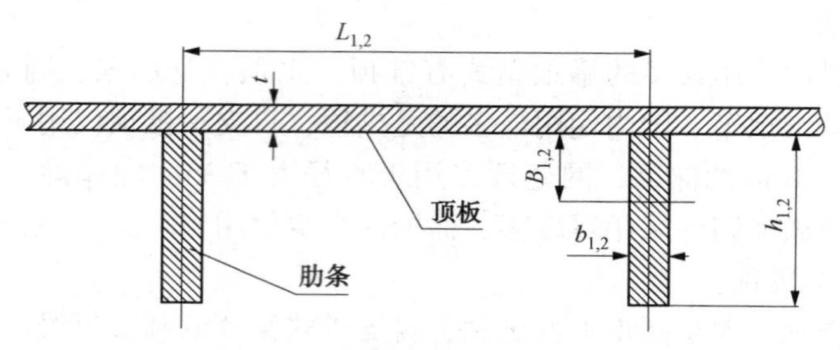

图 2-10　带肋球壳板截面图

3）网壳顶：

网壳顶(或网架顶)是构架支承式拱顶，由空间杆件预制成为球面网架，然后在球面网架上面铺设钢板形成球壳，组成完整的密封罐顶。

（1）常用的网壳结构型式。

a. 经纬向网壳(又称为肋环型网壳)。经向梁和纬向梁构成的径纬向球面网架；这种网架通常有一个中心圆环，径向梁由中心圆环处一直延伸至罐壁的顶部，纬向梁分段制造，与径向梁连接形成球面网架，图 2-11 为径纬向网壳的示意图。

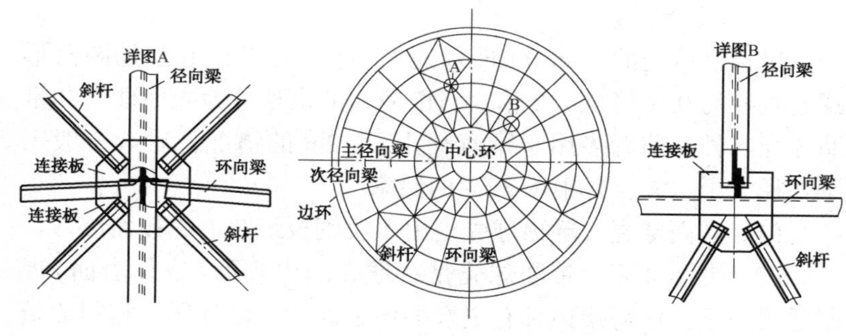

图 2-11　经纬向网壳

b. 双向网壳。双向网壳在国外应用的也很多，亦称海曼(Hanman)二向格子型穹顶。这种网壳由位于两组子午线上的交叉杆件组成，所有的网格均接近正方形，大小也比较接近。所有的杆件都在大圆上，并且是等曲率的圆弧杆。

图 2-12 在 xyz 的直角坐标系统中示意了双向网壳的网架，所有的梁都与主平面(xoz 平面或 yoz 平面)上的主梁成正交。

在图 2-12 中的 xyz 直角坐标系统中，截取了 1/4 个半球，o 为球心，o_1为球面顶点，圆弧 AB 是位于平行于 xoy 平面的截面中，AB 是以 o_2 为圆心，o_2A(或 o_2B)为半径的圆弧。双向网架的平面视图，见图 2-13。

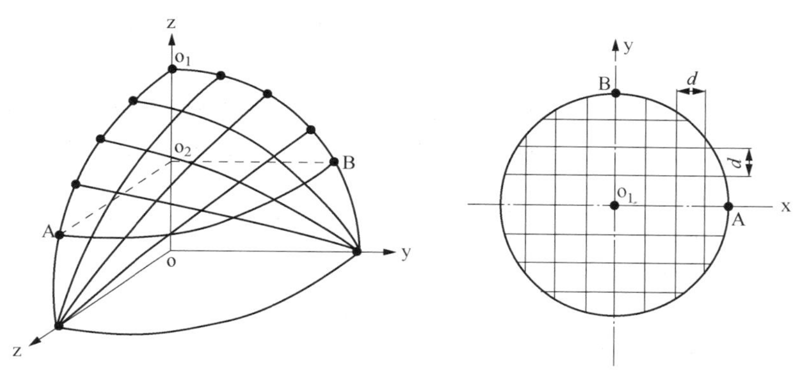

图 2-12　双向网架局部图

图 2-13　双向网架平面图

双向网壳的主要特点是所有杆件具有同一曲率半径，即球面半径与经纬向网壳相比，在相同的设计条件下，方格网架的梁的总长度比较短，造价略低。

c. 三角形网壳。三角形网壳的网架杆件，在空间全部组成三角形，三角形的三个顶点位于球面上，杆件可以是直杆，也可以是半径等于球面半径的曲梁(或曲杆)。

图 2-14 给出了几类常见的可以在储罐罐顶上使用的三角形网架的平面视图。

(2)网壳结构使用的材料：

a. 国内的网壳结构采用钢材最多。我国一般采用 Q235 号钢，也有采用高强度低合金钢的。网壳的杆件主要应用钢管、工

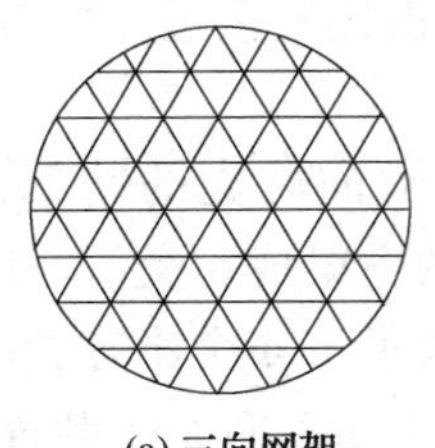

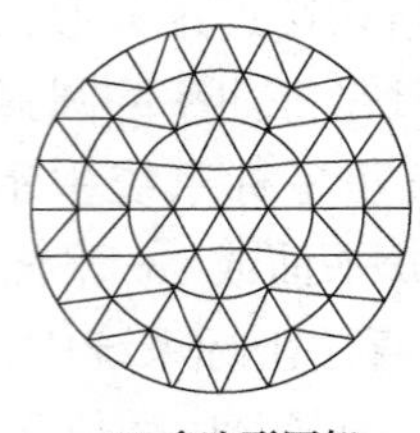

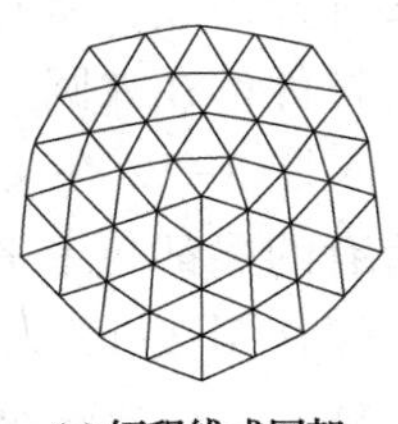

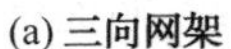

(a) 三向网架　(b) 多边形网架　(c) 短程线式网架

图 2-14　常见的三角形网架

字钢、角钢、槽钢、冷弯薄壁型钢或钢板焊接的工字形或箱形截面构件。双向网壳通常采用矩形截面的冷弯薄壁型钢或工字钢；其他体系的网壳大多采用圆钢管。

b. 欧美许多国家已建造了大量的铝合金网壳，杆件的截面有圆形、椭圆形、方形或矩形的管材，目前已建成的铝合金球面网壳直径达 130m。

我国的铝材规格和产量较少，价格较高，目前尚较少用于大型储罐的网壳结构。

c. 罐顶的蒙皮材料。一般是碳钢钢板和铝合金板，通常与网壳的杆件所用的材料一致。

四、浮顶储罐

1. 浮顶罐的罐底与罐壁

浮顶罐的罐底与罐壁的设计与固定顶储罐设计相同。

2. 单盘式浮顶

单盘式浮顶由周边的环形浮舱和中部的单盘板组成。典型的单盘式浮顶罐的示意图见图 2-15。

环形浮舱的作用是为浮顶提供所需要的浮力。为了保证环形浮舱的可靠性，用隔板把环形浮舱分割成多个独立的封闭式隔舱，每个隔舱与相邻的隔舱互不相通，以免某一个隔舱发生泄漏事故时，影响相邻的隔舱，使环形浮舱的浮力急剧减少，以至于发生浮顶沉没的恶性事故。

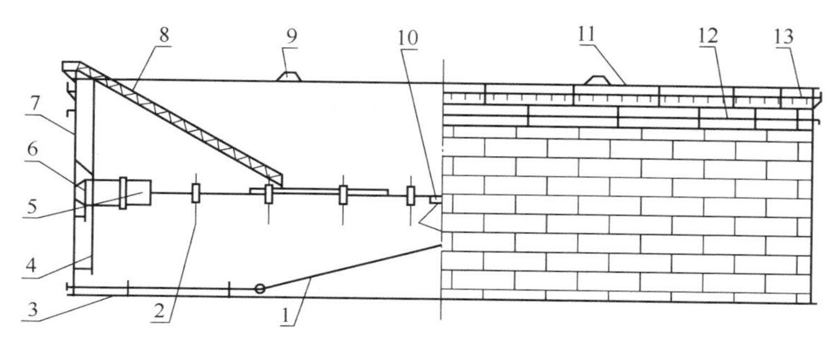

图 2-15 单盘式浮顶罐示意图

1—浮顶排水管；2—浮顶立柱；3—罐底板；4—量油管；5—浮仓；6—密封装置；7—罐壁；8—转动扶梯；9—泡沫消防设施；10—单盘浮顶；11—包边角钢；12—加强圈；13—抗风圈

单盘扳的作用是把储液的液面与大气环境分隔开，单盘板由钢板组焊而成。组焊后单盘板的半径比单盘板的厚度大得多，通常认为单盘板是覆盖在储液表面上的弹性薄膜。

3. 双盘式浮顶

双盘式浮顶由顶板、底板、环形隔板、径向隔板，桁架等组成，形成若干个环形舱以及由径向隔板分隔而成独立的浮舱。双盘式浮顶提供的浮力通常比单盘式浮顶大，结构的整体稳定性好；双盘式浮顶的顶板具有稳定的排水坡度，不会在雨水荷载的作用下产生大的变形；浮顶顶板和底板之间的气体空间有良好的隔热层。双盘式浮顶的结构特点是自重比较大，与相同直径的单盘式浮顶相比钢材消耗量较大，投资较高。

双盘式浮顶多用于多雨和寒冷地区的大直径储罐中，双盘式浮顶本身可以承受较大的偏心荷载(如冬季在浮顶上的不均匀分布的雪荷载等)，双盘式浮顶的上、下顶板之间的气体空间，是良好的隔热层，对于有加热器的储罐，有利于减少热损失。储存高凝点的原油时，为了减少热损失和减少罐壁结蜡的可能性，可以采用双盘式浮顶。因双盘式浮顶有稳定的排水坡度，在降雨频繁并且雨量较大的地区，采用双盘式浮顶可获得较好的排水效果。

双盘式浮顶的结构示意图如图 2-16 所示。

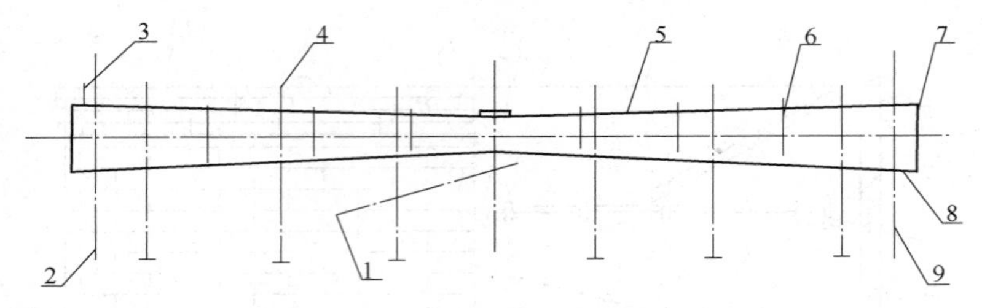

图 2-16　双盘式浮顶的结构示意图

1—排水管；2—量油管；3—挡雨雪板；4—支柱；5—顶板；
6—环形隔板；7—外边缘板；8—底板；9—导向管

与单盘式浮顶相同，浮顶与液面接触的底面的全部焊缝应饱满，并进行真空试验或煤油渗漏试验，各个独立的密封舱必须是气密性的，相互之间不得相通。防止渗漏是保证浮顶安全运行的最基本条件。

4. 浮顶储罐的主要附件

1）浮顶密封装置：

为了保证浮顶在储罐内部可以自由地上下运动，浮顶与罐壁之间必须有足够的环形间隙，一般情况下环形间隙为 200～250mm。目前使用的主要密封装置有以下几大类。

（1）机械密封装置。机械密封的示意图如图 2-17 所示。

（2）弹性泡沫密封装置。弹性泡沫密封装置的示意图如图 2-18所示。

（3）管式密封装置。管式密封装置的结构示意图如图 2-19 所示。

管式密封胶袋内所充的液体通常是轻柴油、煤油等。目前管式密封主要用于原油储罐。

（4）二次密封装置。机械密封装置，弹性泡沫密封装置，管式密封装置，通常称之为主级密封，或一次密封。由于各国政府，对环境保护的要求日趋严格，为减少油气对大气环境的污染发展了二次密封。同时二次密封的发展也有利于减少油品蒸发损失。二次密封装置有多种形式，通常位于一次密封的上部，有些是与防雨雪挡板结合起来，即有密封功能，又具有防止雨、雪、日光对密封装置及储存介质产生影响的功能。

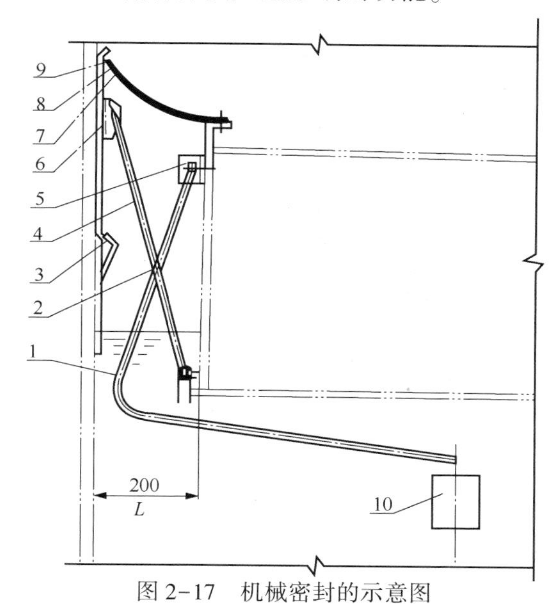

图 2-17　机械密封的示意图

1—肘杆；2—销轴；3—刮蜡板；4—连杆；5—右支座；6—左支座；7—金属滑套；8—橡胶密封板；9—静电导线；10—重锤

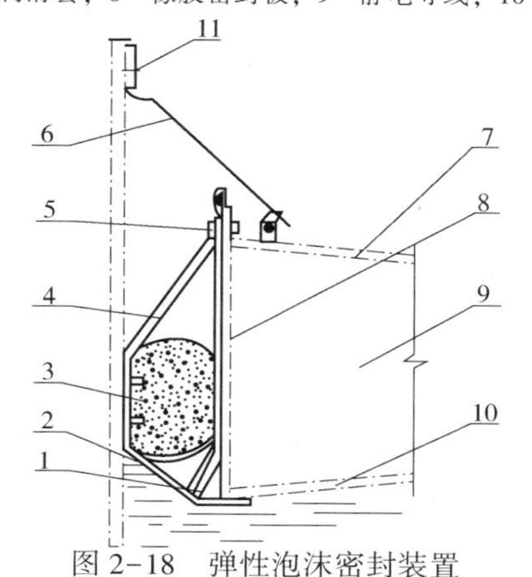

图 2-18　弹性泡沫密封装置

1—固定环；2—固定带；3—软泡沫塑料；4—密封胶带；5—螺栓螺母；6—防护板；7—浮仓顶板；8—外边缘板；9—浮仓；10—浮仓底板；11—二次密封

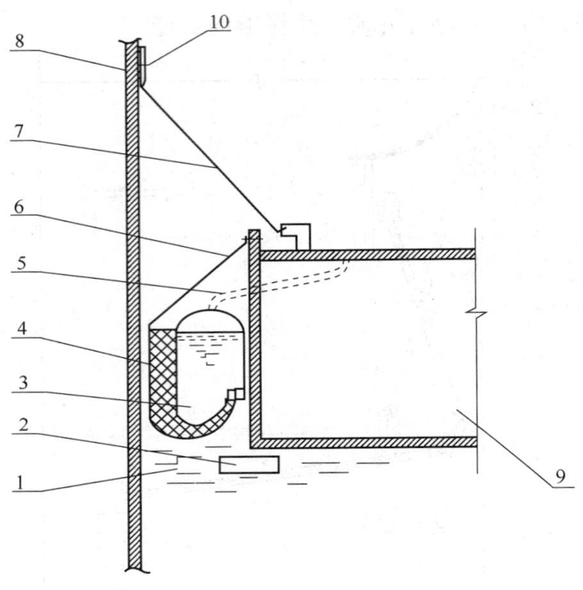

图 2-19　管式密封装置

1—储液；2—限位板；3—密封管(管内充液)；4—泡沫塑料垫层；5—导液管；6—吊带；7—防护板；8—罐壁；9—浮仓；10—二次密封

(5) 密封装置的使用情况。机械密封装置广泛用于西欧和北美，以及其他国家和地区。日本由于是多地震地区，主要使用弹性泡沫密封和管式密封，基本不采用机械密封装置。

在发达国家，由于环境保护部门严格要求控制油品蒸气对大气环境的污染，二次密封装置得到了广泛的使用。

中国石化集团公司发布的“中国石化安[2007]235 号《大型浮顶储罐安全设计、施工、管理暂行规定》”及中国石化安技[2007]34 号《关于进一步加强大型浮顶储罐安全设计、施工、管理工作的通知》对采用密封装置等附件提出了科学明确的技术要求，设计者应当严格遵守。

2) 转动扶梯和转动扶梯轨道：

转动扶梯是从罐壁盘梯顶平台到浮顶之间的连接通路。由于浮顶是随液面上下浮动的，因此从顶平台到浮顶的通道应能适应浮顶的浮动，转动扶梯正好能够满足这一工况要求。

3）刮蜡机构：

重锤式刮蜡机构是目前最广泛使用的一种刮蜡机构。重锤式刮蜡机构采用机械方式除去罐壁上的凝油及结蜡。刮蜡机构主要由固定横梁、重锤、四连杆机构、刮蜡板组成，横梁固定在浮顶下侧边缘，四连杆机构固定在横梁上，重锤的重力通过连杆机构转化为水平力，作用在刮蜡板，使之紧贴在罐壁上，在浮顶下降时，除去罐壁上的凝油及结蜡。刮蜡板通常采用不锈钢制作。

4）浮顶罐和内浮顶罐的防静电设施：

浮顶罐的浮顶、罐壁、转动扶梯等活动的金属构件与罐壁之间，应采用截面不小于25mm^2软铜复绞线进行连接，连接点不应少于两处。浮顶与罐壁之间的密封圈应采用导静电橡胶制作。设置于罐顶的挡雨板应采用截面为6～10mm^2的软铜复绞线与顶板连接。

内浮顶罐在进出油过程或油品调和过程中，浮盘上有可能集聚大量静电荷，而在浮盘与罐体之间产生电位差，可能产生放电，引起着火或爆炸，因此，也必须在浮盘与罐体之间设置静电引出线。

五、内浮顶储罐

1. 内浮顶储罐的型式

国内外使用的内浮顶主要有以下几种的型式：

（1）钢制的无浮舱的盘式浮顶，即钢制浅盘式的；

（2）钢制的有敞口浮舱的盘式浮顶；

（3）钢制的有浮舱的盘式浮顶，类似于单盘式浮顶；

（4）钢制的双盘式浮顶；

（5）浮筒上的金属顶，浮盘在液面以上，如铝制内浮顶；

（6）铝制蜂窝式浮盘，浮盘与液面接触；

（7）组合式塑料浮盘，浮盘与液面接触；

（8）浮子式铝浮顶。

目前国内钢制的有浮舱的盘式浮顶、浮筒式铝制内浮顶和浮子式铝制内浮顶使用较多，铝制蜂窝式浮顶在合资项目中也有使用。

2. 钢制内浮顶

钢制内浮顶是指内浮顶是由碳钢钢板组焊而成的，这一点与外浮顶罐的浮顶类似，故外顶罐的各种浮顶型式都可以在内浮顶罐中使用，同样，外浮顶罐所采用的密封型式也可以在内浮顶罐中使用。

内浮顶的浮力构件，如周边环形浮舱、内部的单独浮舱(又称之内浮子)等所提供的浮力应不小于浮顶自身重力的二倍，以保证浮顶在不测因素的影响下不会沉没，从而保证储存安全。

3. 铝制内浮顶

铝制内浮顶的主要部件，如浮筒，浮盘板等是由铝材制造的。铝制内浮盘的全部零部件可以在制造厂生产，运至施工现场的所有零部件可以从罐壁人孔处送入罐内进行组装。铝浮盘的零部件之间采用螺栓相连，不需要使用电焊机等设备，施工周期也比钢制内浮顶短。将正在使用的固定顶储罐，改造成为内浮顶罐，铝制内浮顶是最佳的选择。

1）铝制内浮顶的结构：

铝制内浮顶按照提供浮力的元件区分，有浮管式和浮子式。浮管式的铝浮盘的示意图见图 2-20。

2）铝制内浮顶的主要附件：

以浮管式铝制内浮顶为例，内浮顶的主要附件包括浮顶支柱、密封装置、导静电装置、真空阀、防旋转装置、量油孔、人孔、油品入口扩散管、罐壁通气孔、罐顶通气孔等。

4. 内浮顶储罐的设计

1）储罐的计算内压：

对于无气密性要求的内浮顶罐，罐壁和罐顶上有直通大气的通气孔，罐内不会有压力形成(正压或负压)，储罐的设计按常压储罐考虑。对于有气密性要求的储罐，计算压力与拱顶罐相同。

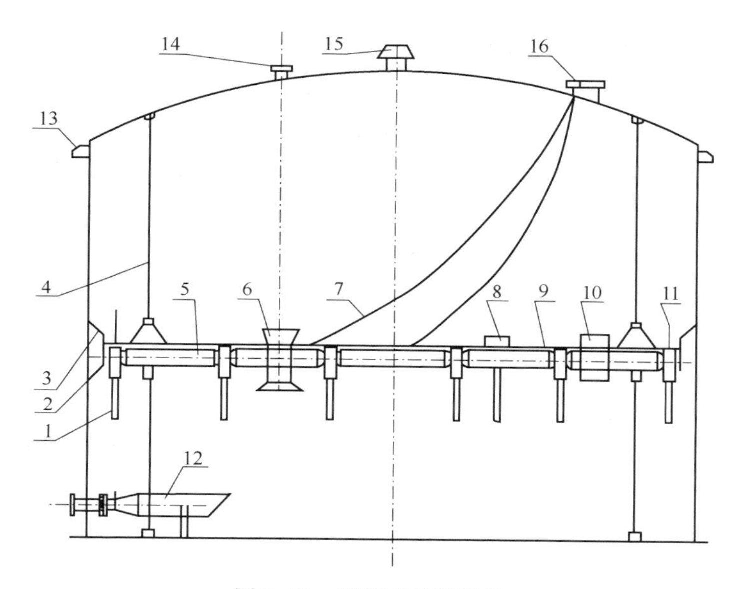

图 2-20　浮管式的铝浮盘

1—支柱；2—边缘构件；3—舌形密封；4—防旋转装置；5—浮管；6—量油孔；7—静电导出装置；8—真空阀；9—铺板；10—人孔；11—消防泡沫档板；12—油品入口扩散管；13—罐壁通气孔；14—量油孔；15—罐顶通气孔；16—罐顶人孔

2）罐顶的计算外压：

罐顶的计算外压包括二部分，即罐顶的自重和附加载荷(当雪载荷大于 600Pa 时，应增加超过 600Pa 的部分)。对于无气密性要求的内浮顶罐，附加载荷为 700Pa，对于有气密性要求的内浮顶罐，附加载荷为 1200Pa。

3）内浮顶的设计荷载：

（1）内浮顶应允许至少 2 个人(300nm×300mm 面积上的荷载为 220kg)在浮顶上任意走动，无论浮顶是漂浮状态或支承状态，即不会使储液溢流到浮顶的上表面，也不会对浮顶构成损害。

（2）内浮顶浮力构件提供的浮力应不小于自重的两倍。

（3）内浮顶支柱应能支撑内浮顶的自重及 600Pa 的均布活荷载。

4）内浮顶的设计原则：

（1）敞口隔舱式、单盘式和双盘式浮顶。

a. 敞口隔舱式或双盘式浮顶任何两个隔舱泄漏后，单盘式内浮顶任何两个隔舱和单盘同时泄漏后，浮顶应仍能漂浮在液面上且不产生附加危害。

b. 单盘式和双盘式浮顶隔舱上应设置人孔。

c. 所有的隔舱均应满足严密性要求，所有隔板应有一面为连续焊。

（2）浮筒式内浮顶。

a. 内浮顶的浮力元件均应满足气密性要求。

b. 任何两个浮筒泄漏后，内浮顶应仍能漂浮在液面上且不产生附加危害。

c. 内浮顶的外边缘板及所有通过浮盘的开孔接管，浸入储液的深度不应小于100mm。

六、储罐的加强圈和抗风圈

1. 固定顶储罐的罐壁加强圈

为保证罐壁本身的临界失稳压力高于设计风压条件下和正常操作时罐内可能产生的负压，在罐壁上需设置几圈加强圈，加强圈与罐壁的组合截面可大大地提高厂罐壁的稳定性。

2. 浮顶储罐的抗风圈

立式储罐是薄壁容器，除考虑强度外，还应考虑在风的作用下的稳定问题。浮顶储罐没有固定顶盖，为使储罐在风载荷作用下仍能保持上口圆度，以维持储罐的整体形状，需在储罐上口设置一个抗风圈。

七、球形储罐

1. 球形储罐的结构特点与分类

1）球罐与常用的圆筒形容器相比具有如下特点：

（1）球罐的表面积最小；

（2）球罐壳板承载能力比圆筒形容器大一倍；

（3）球罐占地面积小，且可向空间高度发展，有利于地表面积的利用。

由于这些特点，再加上球罐基础简单、受风面小、外观美观，可用于美化工程环境等原因，使球罐的应用得到了很大发展。

2）球罐的分类。

球罐可按不同方式分类，如按储存温度一般分为常温、低温和深冷球罐。按球罐形状分类有圆球形、椭球形、水滴形或上述几种型式的组合。其中圆球形球罐按支撑方式可分为：支柱式和裙座式两大类。而炼油厂最为常用的是柱支撑式圆形球罐。

3）球罐结构。

球罐整体结构及主要部件名称如图 2-21 所示。

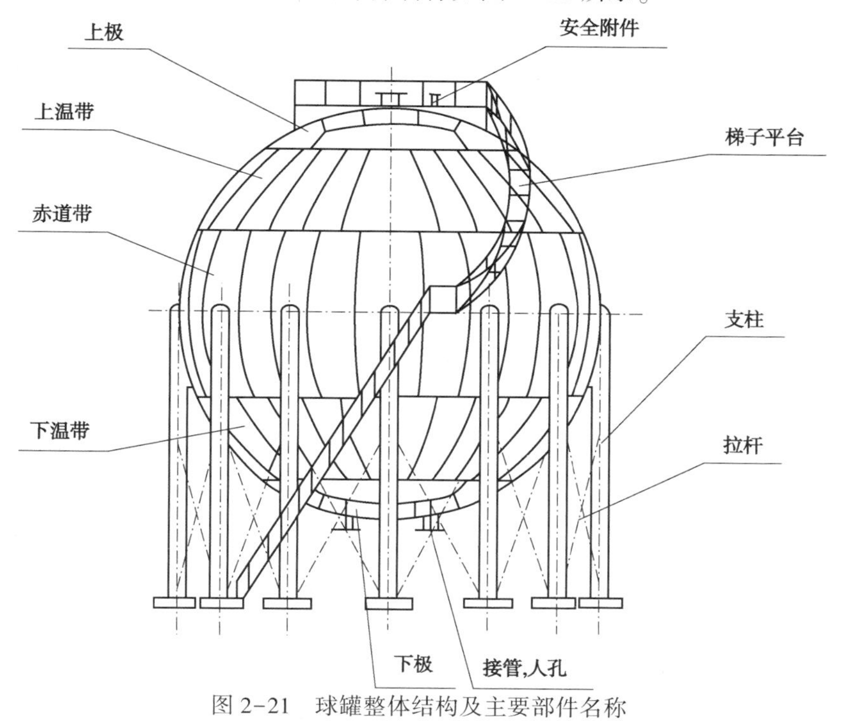

图 2-21　球罐整体结构及主要部件名称

2. 球形储罐设计基准

1）设计载荷：

球形储罐在正常操作条件下，承受以下荷载：

（1）操作压力：即在操作条件下，球罐顶部的气相压力（表压）。操作压力由工艺操作条件和操作温度确定；

（2）储罐内储存介质的静液压力，对于储存气体和球罐，可以不考虑储存介质密度的影响；

（3）球壳自重以及正常操作条件下或试验状态下，球罐内介质的重力荷载；

（4）附属设备及隔热材料、管道、支柱、拉杆、梯子、平台等的重力荷载；

（5）雪荷载；

（6）风荷载；

（7）地震荷载。

以上荷载在球形储罐的设计中应予以仔细的考虑，其中的雪荷载、风荷载、地震荷载应由业主（或用户）根据当地气象部门发布的权威数据提供。

2）球形储罐的储存介质：

球罐主要用于石油、石油化工、化学、冶金、城镇燃气等工业，用来储存气体和液体介质。储存的气态介质包括民用煤气、民用天然气、氧气、氮气等在环境温度下不会液化的气体；在压力下可以储存液化的气体，如液化石油气、丙烷、丁烷等，此类介质的饱和蒸气压是温度的函数，储存温度越高，储液的饱和蒸气压也越高。

3）球形储罐用钢材：

球形储罐属于压力容器，球罐储罐用的钢材，在现行国家标准《钢制球形储罐》GB 12337 中有详细的规定。

为了发展大型的球形储罐，国内也开发并生产了抗拉强度为600MPa 级的钢材。制造球形储罐的几种典型钢材的化学成分和力学性能，分别见现行国家标准《锅炉和压力容器用钢板》GB

713—2014 和《压力容器用调质高强度钢板》GB 19189—2011。

4）设计温度：

介质的储存温度与设计温度的关系是十分密切的。

按照我国 TSG21—2016《固定式压力容器安全技术监察规程》的规定：球罐设计温度不得低于元件金属在工作状态下可能达到的最高温度；非制冷无保温设施时球罐的设计温度下限，不得高于建罐地区历年来月平均最低气温的最低值。

对于致冷的储存介质，球罐本身有保冷措施时，球罐的设计温度的上限和下限由储存工艺条件确定。当设计温度小于等于-20℃时，球罐属于低温球罐。球罐的设计、制造、组装、检验验收应符合现行国家标准《钢制球形储罐》GB12337—2014 附录 A 的要求。

5）设计压力：

设计压力的高低，直接影响球壳的厚度和投资的高低，确定设计压力应考虑以下几种因素：

（1）球罐上安装有安全阀时，球罐的设计压力必须不小于安全阀的设定压力。

（2）常温储存液化气体球罐（压力容器）的设计压力，应当以规定温度下的工作压力为基础确定，具体确定方法 TSG21—2016《固定式压力容器安全技术监察规程》的 3.9.3 条。

6）对储存介质的限制：

当储存介质中有应力腐蚀成分时需特别重视，液化石油气球罐中的 H_2S 就经常超标，罐壁开裂事故时有发生。无法确定有害成分数量时，应提出有害成分限制含量。如日本 JLPA201“球形储罐标准”中限制液化石油气中硫化氢的含量，对于 600MPa 级高强钢，必须控制在 50mg/L（液体中）以下。我国“液化石油气”GB 11174—2011 标准中规定总含硫量不大于 343mg/m^3。

3. 球壳板的分辦型式与参数

1）结构型式：

目前国内球形储罐球壳板分瓣的主要型式有两类，即桔瓣式球罐和混合式球罐(即赤道带、温带采用桔瓣式，上、下极板采用足球瓣式)。桔瓣式球罐使用的历史比混合式球罐长。混合式球罐的钢材利用率比桔瓣式球罐的利用率约高10%，并且焊缝总长度较短。纯足球瓣式球罐国内很少使用。

对于公称容量小于1000m^{3}的球罐，通常采用桔瓣式。由于可以采用宽度较大的钢板，从而使球壳片的数量比窄板大为减少并且焊缝的总长度也明显减少，在公称容量小于1000m^{3}时，采用混合式球壳的经济效益是不十分明显的。

2）结构参数：

（1）我国桔瓣式球罐的基本参数见表2-28。

表2-28　桔瓣式球罐的基本参数

公称直径/m^3	球壳内直径/mm	几何容积/m^3	球壳分带数	支柱根数	各带心角(°)/各带分块数						
					上极	上寒带	上温带	赤道带	下温带	下寒带	下极
50	4600	51	3	4	90/3			90/8			90/3
120	6100	119	4	5	60/3		55/10	65/10			60/3
200	7100	187	4	6	60/3		55/12	65/12			60/3
400	9200	408	4	6	60/3		55/12	65/12			60/3
				8	60/3		55/16	65/16			60/3
			5	8	45/3		46/16	45/16	45/16		45/3
650	10700	641	4	6	60/3		55/12	65/12			60/3
				8	60/3		55/16	65/16			60/3
			5	8	38/3		46/16	50/16	46/16		38/3
1000	12300	974	5	8	54/3		36/16	54/16	26/16		54/3
				10	54/3		36/20	54/20	26/20		54/3
1500	14200	1499	5	8	54/3		36/16	54/16	26/16		54/3
				10	54/3		36/20	54/24	26/20		54/3
2000	15700	2026	5	10	42/3		40/20	54/20	42/20		42/3
				12	42/3		42/24	54/24	42/24		42/3

续表

公称直径/m³	球壳内直径/mm	几何容积/m³	球壳分带数	支柱根数	各带心角(°)/各带分块数						
					上极	上寒带	上温带	赤道带	下温带	下寒带	下极
3000	18000	3054	5	10	42/3		40/20	54/20	42/20		42/3
				12	42/3		42/24	54/24	42/24		42/3
4000	19700	4003	6	12	36/3	32/19	36/24	40/24	36/24		36/3
				14	36/3	32/21	36/28	40/28	36/28		36/3
5000	21200	4989	6	12	36/3	32/18	36/24	40/24	36/24		36/3
				14	36/3	32/21	36/28	40/28	36/28		36/3
6000	22600	6044	6	12	36/3	32/18	36/24	40/24	36/24		36/3
				14	36/3	32/21	36/28	40/28	36/28		36/3
8000	24800	7986	7	14	32/3	26/21	30/28	36/28	30/28	26/21	32/3
10000	26800	10079	7	14	32/2	26/21	30/28	36/28	30/28	26/21	32/3

（2）我国混合式球罐的基本参数见表 2-29。

表 2-29　混合式球罐的基本参数

公称直径/m³	球壳内直径/mm	几何容积/m³	球壳分带数	支柱根数	各带心角(°)/各带分块数				
					上极	上温带	赤道带	下寒带	下极
1000	12300	974	3	8	112. 5/7		67. 5/16		112. 5/7
			4	10	90/7	40/20	50/20		90/7
1500	14200	1499	4	8	112. 5/7		67. 5/16		112. 5/7
			4	10	90/7	40/20	50/20		90/7
2000	15700	2026	4	10	90/7	40/20	50/20		90/7
			5	12	75/7	30/24	45/24	30/24	75/7
3000	18000	3054	4	10	90/7	40/20	50/20		90/7
			5	12	75/7	30/24	45/24	30/24	75/7
4000	19700	4003	5	12	75/7	30/24	45/24	30/24	75/7
				14	65/7	38/28	39/28	38/28	65/7

续表

公称直径/m^3	球壳内直径/mm	几何容积/m^3	球壳分带数	支柱根数	各带心角(°)/各带分块数				
					上极	上温带	赤道带	下寒带	下极
5000	21200	4989	5	12	75/7	30/24	45/24	30/24	75/7
				14	65/7	38/28	39/28	38/28	65/7
6000	22600	6044	5	12	75/7	30/24	45/24	30/24	75/7
				14	65/7	38/28	39/28	38/28	65/7
8000	24800	7986	5	14	65/7	38/28	39/28	38/28	65/7
10000	26800	10079	5	14	65/7	38/28	39/28	38/28	65/7

八、气柜

1. 气柜的类型

炼油厂中，在大气环境温度下储存接近常压的气体(如低压瓦斯气)的储罐，通常称为气柜，如各种湿式气柜和干式气柜。

20 世纪 90 年代以前炼油厂储存接近常压的气体基本采用湿式气柜，并且容积不大。而各种湿式气柜和干式气柜在冶金行业、市政燃气系统则广泛使用。20 世纪 90 年代以后炼油厂结合节能减排，在气体排放系统逐步建造了一批干式气柜，容积一般在 $2\times10^4 \sim 4\times10^4 m^3$。各种容积的湿式气柜也仍有应用。湿式气柜和干式气柜的比较见表 2-30。

表 2-30 湿式气柜和干式气柜比较

气柜	对基础的要求	对气象条件的要求	对环境的影响	造价
湿式气柜	较高	在寒冷地区需对气柜水槽加热，水槽外保温	有少量污水和气体排出	较低
干式气柜(金斯型)	较宽松	适用地区广泛	对环境影响小	略高

2. 湿式气柜

1）概述：

炼油厂常用的湿式气柜容积一般在 50~10000m^3，常用类型为直升式气柜（图 2-22）和螺旋式气柜（图 2-23）。

通常 1000m^{3}以下的湿式气柜采用直升式气柜，1000m^{3}以上的气柜采用螺旋式气柜。

湿式气柜通常由钢水槽、中节（活动塔节）、钟罩、导轮、导轨及相应的钢结构和梯子平台等部件组成。

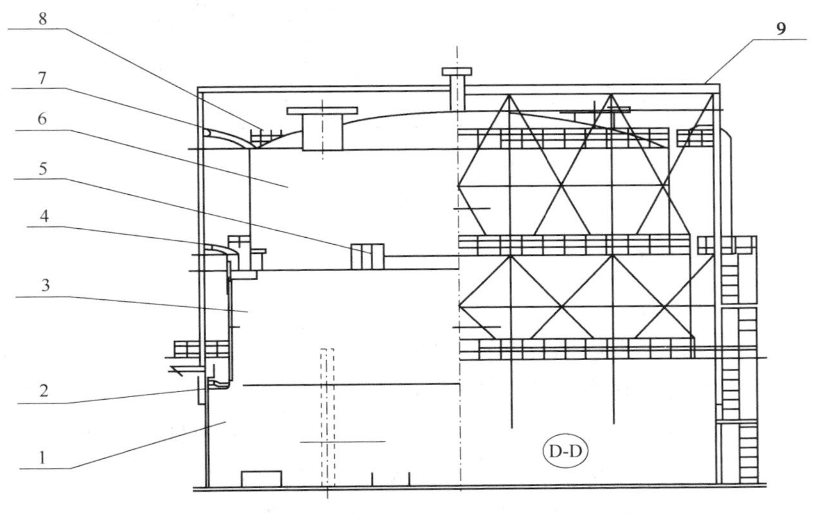

图 2-22　直升式气柜

1—钢水槽；2—下导轮；3—中节；4—中节上导轮；5—下配重块；6—钟罩；7—钟罩上导轮；8—上配重块；9—外导架

2）标准规范：

湿式气柜的设计按《钢制低压湿式气柜》HG 20517—1992。

湿式气柜的施工与验收按《金属焊接结构湿式气柜施工及验收规范》HGJ 212—1983。

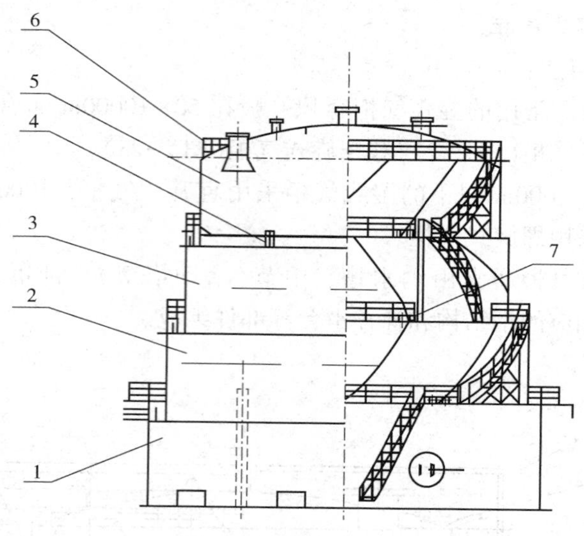

图 2-23　螺旋式气柜

1—钢水槽；2—中节Ⅱ；3—中节Ⅰ；4—下配重块；5—钟罩；6—上配重块；7—导轮

3. 干式气柜

1）概述：

区别于设置水槽以水密封储存气体的湿式气柜，采用油膜或橡胶膜获得密封作用的气柜称为干式气柜。

按照密封原理分类，目前世界上的干式气柜有四种型式：

（1）多角型稀油密封(以 MAN 型为代表)；

（2）干油橡胶带密封(以 KLONNE 型为代表)；

（3）卷帘橡胶膜密封(以 WIGGINS 型为代表)；

（4）稀油橡胶带密封(以 COS 型为代表)。

自 1913 年第一台多角型稀油密封的 MAN 型煤气柜研制成功，目前干式气柜已广泛应用于冶金、化学工业以及城市煤气行业中。由于石化行业储存气体介质的特殊性，对于密封稀油具有改性作用，因此国内炼油厂采用干式气柜储存火炬气均为卷帘橡胶膜密封的 WIGGINS 型。

2）标准规范：

WIGGINS 型干式气柜的设计、安装、施工及验收应遵循和参考下列规范：

《钢结构设计规范》GB 50017—2003；

《建筑结构荷载规范》GB 50009—2012

《钢结构工程施工质量验收规范》GB 50205—2001；

《立式圆筒形钢制焊接储罐施工规范》GB 50128—2014；

《钢制低压湿式气柜》HG 20517—1992；

《金属焊接结构湿式气柜施工及验收规范》HGJ 212

《现场设备、工业管道焊接工程施工规范》GB 50236—2011

《现场设备、工业管道焊接工程施工质量验收规范》GB 50683—2011。

3）荷载：

WIGGINS 型干式气柜的设计荷载主要应考虑以下几种：

（1）设计压力：应取气柜正常工作时的气体最高压力。

（2）风荷载和雪荷载：风荷载、雪荷载可参照《钢制低压湿式气柜》HG20517 核算。

（3）地震荷载：地震作用应符合现行国家标准《建筑抗震设计规范》GB50011 的规定，水平地震力可参照《钢制低压湿式气柜》HG20517 进行计算。

（4）恒载荷：主要包括柜体自重、配重重量和附件重量。

（5）荷载组合。

按照分项系数法进行荷载组合，主要校核立柱的强度和稳定性。计算时需考虑下列几种荷载组合：

a. 风荷载+恒载；

b. 风荷载+半坡雪荷载+恒载；

c. 风荷载 25%+半坡雪荷载 50%+恒载+水平地震力。

此三项核算不应包括活塞和 T 挡板、T 挡板支架（两段式）的重量。另外计算柜顶、平台和扶梯时还应考虑活载荷。

4）材料：

（1）为保证承重结构的承载能力和防止在一定条件下出现脆性破坏，应根据柜体各部件结构的重要性、荷载特征、结构型式、应力状态、连接方法、钢材厚度和工作环境等因素综合考虑，选择合适的钢材牌号。

（2）钢材的设计温度取建设地区最低日平均气温。

（3）钢材应由平炉、氧气转炉或电炉冶炼。

（4）承重结构采用的钢材应具有抗拉强度、伸长率、屈服强度和硫、磷含量的合格保证，对焊接结构尚应具有碳含量的合格保证。

（5）焊接承重结构以及重要的非焊接承重结构采用的钢材还应具有冷弯试验的合格保证。

（6）手工焊接采用的焊条，应符合现行国家标准《碳钢焊条》GB/T 5117 或《低合金钢焊条》GB/T 5118 的规定。选择的焊条型号应与主体金属力学性能相适应。

（7）自动焊接或半自动焊接采用的焊丝和焊剂应与主体金属力学性能相适应，并符合现行国家标准的规定。

（8）普通螺栓应符合现行国家标准《六角头螺栓 C 级》GB/T 5780 和《六角头螺栓》GB/T 5782 的规定。

5）结构：

威金斯型气柜是干式气柜的一种型式。柜体结构是由底板、支柱侧板、防风桁架、柜顶梁、柜顶板、调平支架及梯子平台组成。柜体内活塞系统是由活塞板、活塞托座、活塞支架组成。底板、活塞和密封膜构成气柜的储气空间。容积较大的气柜（≥$20000m^3$）采用两段式结构，比一段式多设置 T 挡板、T 挡板支架、T 挡板托架及梯子平台，底板、活塞、T 挡板和密封膜构成气柜的储气空间。所有各部件之间的连接一般均采用焊接。具体结构见图 2-24（一段式）、图 2-25（两段式）。

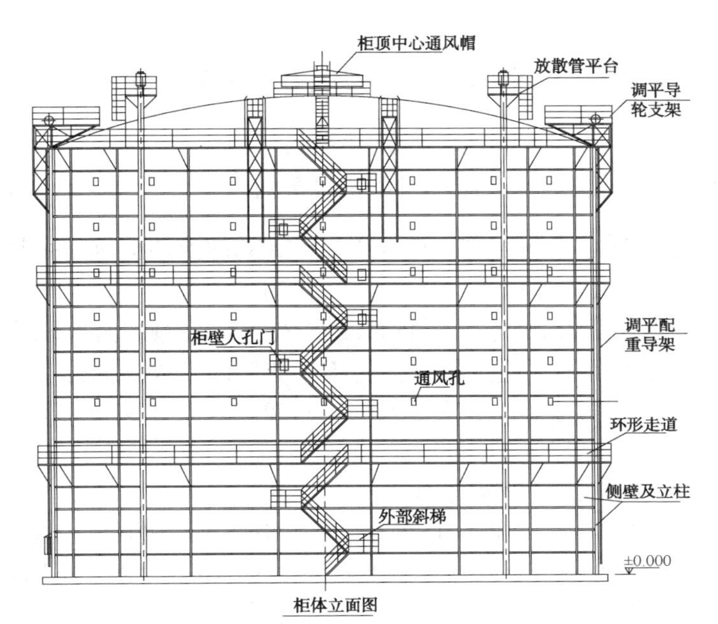

图 2-24　一段式干式气柜

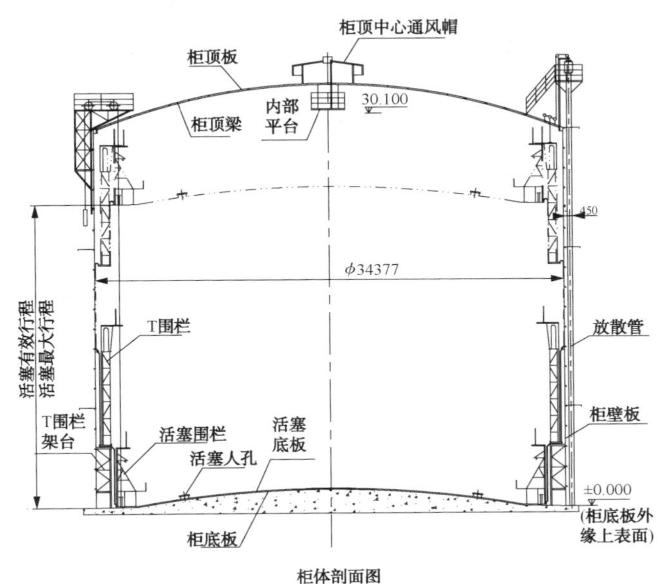

图 2-25　二段式干式气柜

第六节　罐区的布置

一、可燃液体的地上储罐的布置

1）储罐应采用钢罐。储存甲$_B$、乙$_A$类的液体应选用金属浮舱式的浮顶或内浮顶罐。对于有特殊要求的物料，可选用其他型式的储罐。储存沸点低于45℃或在37.8℃时饱和蒸气压大于88kPa的甲$_B$类液体应选用压力储罐、低压储罐或降温储存的常压储罐。甲$_B$类液体固定顶罐或低压储罐应采取减少日晒升温的措施。

2）储罐成组布置要求如下：

（1）在同一罐组内，宜布置火灾危险性类别相同或相近的储罐；当单罐容积小于或等于1000m^{3}时，火灾危险性类别不同的储罐也可同组布置；

（2）沸溢性液体的储罐不应与非沸溢性液体储罐同组布置；

（3）可燃液体的压力储罐可与液化烃的全压力储罐同组布置；

（4）可燃液体的低压储罐可与常压储罐同组布置。

3）罐组总容积要求如下：

（1）固定顶罐组的总容积不应大于120000m^3；

（2）浮顶、内浮顶罐组的总容积不应大于600000m^3；

（3）固定顶罐和浮顶、内浮顶罐的混合罐组的总容积不应大于120000m^3；其中浮顶、内浮顶罐的容积可折半计算。

4）罐组内储罐的个数和排数要求：

（1）罐组内的单罐容积大于或等于10000m^{3}的储罐个数不应多于12个；单罐容积小于10000m^{3}的储罐个数不应多于16个；但单罐容积均小于1000m^{3}储罐以及丙$_B$类液体储罐的个数不受此限。

（2）罐组内的储罐不应超过2排；但单罐容积小于或等于

$1000m^3$的丙$_B$类的储罐不应超过4排，其中润滑油罐的单罐容积和排数不限。

5）罐组内相邻可燃液体地上储罐的防火间距不应小于表2-31的要求。

表2-31　罐组内相邻可燃液体地上储罐的防火间距

<table>
<tr><th rowspan="3">液体类别</th><th colspan="4">储罐型式</th></tr>
<tr><th colspan="2">固定顶罐</th><th rowspan="2">浮顶、内浮顶罐</th><th rowspan="2">卧罐</th></tr>
<tr><th>≤$1000m^3$</th><th>>$1000m^3$</th></tr>
<tr><td>甲$_B$、乙类</td><td>0.75D</td><td>0.6D</td><td rowspan="3">0.4D</td><td rowspan="3">0.8m</td></tr>
<tr><td>丙$_A$类</td><td colspan="2">0.4D</td></tr>
<tr><td>丙$_B$类</td><td>2m</td><td>5m</td></tr>
</table>

注：1. 表中D为相邻较大罐的直径，单罐容积大于$1000m^3$的储罐取直径或高度的较大值。

2. 储存不同类别液体的或不同型式的相邻储罐的防火间距应采用本表规定的较大值。

3. 现有浅盘式内浮顶罐的防火间距同固定顶罐。

4. 可燃液体的低压储罐，其防火间距按固定顶罐考虑。

5. 储存丙$_B$类可燃液体的浮顶、内浮顶罐，其防火间距大于15m时，可取15m。

6. 两排立式储罐的间距应符合表2-25的规定，且不应小于5m；两排直径小于5m的立式储罐及卧式储罐的间距不应小于3m。

6）罐组应设防火堤。防火堤的有效容积要求如下：

（1）防火堤内的有效容积不应小于罐组内1个最大储罐的容积，当浮顶、内浮顶罐组不能满足此要求时，应设置事故存液池储存剩余部分，但罐组防火堤内有效容积不应小于罐组内1个最大储罐容积的一半；

（2）立式储罐至防火内堤脚线的距离不应小于罐壁高度的一半，卧式储罐至防火堤内堤脚线的距离不应小于3m；

（3）相邻罐组防火堤的外堤脚线之间应留有宽度不小于7m的消防空地。

7）设有防火堤的罐组同应按下列要求设置隔堤：

（1）单罐容积小于或等于 $5000m^3$ 时，隔堤所分隔的储罐容积之和不应大于 $20000m^3$；

（2）单罐容积大于 $5000 \sim 20000m^3$ 时，隔堤内的储罐不应超过 4 个；

（3）单罐容积大于 $20000 \sim 50000m^3$ 时，隔堤内的储罐不应超过 2 个；

（4）单罐容积大于 $50000m^3$ 时，应每 1 个罐一隔；

（5）隔堤所分隔的沸溢性液体储罐不应超过 2 个。

8）多品种的液体罐组内应按下列要求设置隔堤：

（1）$甲_B$、$乙_A$ 类液体与其他类可燃液体储罐之间；

（2）水溶性与非水溶性可燃液体储罐之间；

（3）相互接触能引起化学反应的可燃液体储罐之间；

（4）助燃剂、强氧化剂及具有腐蚀性液体储罐与可燃液体储罐之间。

9）防火堤及隔堤应能承受所容纳液体的静压，且不应渗漏。立式储罐防火堤的高度应为计算高度加 0.2m，但不应小于 1.0m，且不宜高于 2.2m；卧式储罐防火堤的高度不应小于 0.5m；立式储罐组内隔堤的高度不应小于 0.5m；卧式储罐组内隔堤的高度不应小于 0.3m。

二、液体烃、可燃气体的地上储罐的布置[11]

1）液化烃储罐、可燃气体储罐和助燃气体储罐应分别成组布置。

2）液化烃储罐成组布置时要求如下：

（1）液化烃罐组内的储罐不应超过 2 排；

（2）每组全压力式或半冷冻式储罐的个数不应多于 12 个；

（3）全冷冻式储罐的个数不宜多于 2 个；

（4）全冷冻式储罐应单独成组布置；

（5）储罐材质不能适应该罐组内介质最低温度时，不应布置在同一罐组内。

3）液化烃、可燃气体、助燃气体的罐组内，储罐的防火间距见表 2-32。

表 2-32 液化烃、可燃气体、助燃气体的罐组内储罐的防火间距

介质	储存方式或储罐型式		球罐	卧(立)罐	全冷冻式储罐		水槽式气柜	干式气柜
					≤100m^3	>100m^3		
液化烃	全压力式或半冷冻式储罐	有事故排放至火炬的措施	0.5D	1.0D	*	*	*	*
		无事故排放至火炬的措施	1.0D		*	*	*	*
	全冷冻式储罐	≤100m^3	*	*	1.5m	0.5D	*	*
		>100m^3	*	*	0.5D	0.5D		
助燃气体	球罐		0.5D	0.0.65D	*	*	*	*
	卧(立)罐		0.65D	0.65D	*	*	*	*
可燃气体	水槽式气柜		*	*	*	*	0.5D	0.65D
	干式气柜		*	*	*	*	0.65D	0.65D
	球罐		0.5D	*	*	*	0.65D	0.65D

注：1. D 为相邻较大储罐的直径。

2. 液氨储罐间的防火间距要求应与液化烃储罐相同；液氧储罐间的防火间距应按现行国家标准《建筑设计防火规范》GB 50016 的要求执行。

3. 沸点低于 45℃的甲$_B$类液体压力储罐，按全压力式液化烃储罐的防火间距执行。

4. 液化烃单罐容积≤200m^{3}的卧(立)罐之间的防火间距超过 1.5m 时，可取 1.5m。

5. 助燃气体卧(立)罐之间的防火间距 1.5m 时，可取 1.5m。

6. “＊”表示不应同组布置。

7. 两排卧罐的间距不应小于 3m。

4）防火堤及隔堤的设置要求如下：

（1）液化烃全压力式或半冷冻式储罐组宜设不高于 0.6m 的防火堤，防火堤内堤脚线距储罐不应小于 3m，堤内应采用现浇混凝土地面，并应坡向外侧，防火堤内的隔堤不宜高于 0.3m；

（2）全压力式储罐组的总容积大于 8000m^{3}时，罐组内应设隔堤，隔堤内各储罐容积之和不宜大于 8000m³，单罐容积等于或大于 5000m³时应每 1 个罐一隔；

（3）全冷冻式储罐组的总容积不应大于 200000m³，单防罐应每 1 个罐一隔，隔堤应小于防火堤 0.2m；

（4）沸点低于 45℃的甲$_B$类液体压力储罐的总容积不宜大于 60000m³隔堤内各储罐容积之和不宜大于 8000m³，单罐容积等于或大于 5000m³时应每 1 个罐一隔；

（5）沸点于 45℃甲$_B$类液体的压力储罐，防火堤内有效容积不应小于 1 个最大储罐的容积。当其与液化烃压力储罐同组布置时，防火堤及隔堤的高度尚应满足液化烃压力储罐组的要求；且二者之间应设隔堤；当其独立成组时，防火堤距储罐不应小于 3m，防火堤及隔堤的高度设置尚应符合本节可燃液体的地上储罐的布置第 9)条防火堤和隔堤的要求；

（6）全压力式、半冷冻式液氨储罐的防火堤和隔堤的设置同液化烃储罐的要求。

5）液化烃全冷冻式单防罐罐组应设防火堤，并应符合以下要求：

（1）防火堤内的有效容积不应小于 1 个最大储罐的容积；

（2）单防罐至防火堤内顶角线的距离 X 不应小于最高液位与防火堤堤顶的高度之差 Y 加上液面上气相当量压头的和(图 2-26)；当防火堤的高度等于或大于最高液位时，单防罐至防火堤内顶角线的距离不限；

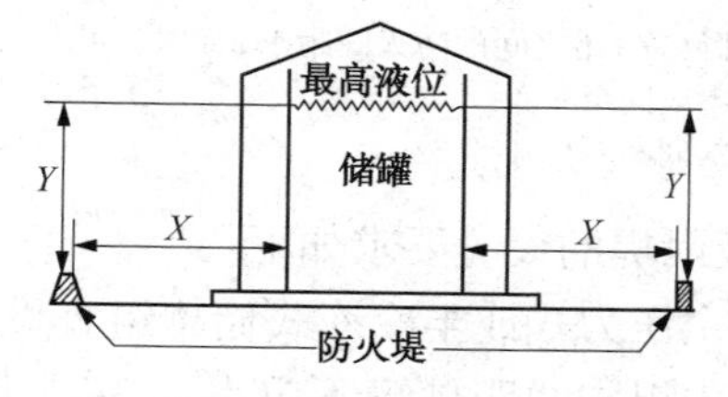

图 2-26　单防罐至防火堤内顶角线的距离

（3）应在防火堤的不同方位上设置不少于 2 个人行台阶或

梯子；

（4）防火堤及隔堤应为不燃烧实体防护结构，能承受所容纳液体的静压及温度变化的影响，且不渗漏。

6）液化烃全冷冻式双防或全防罐罐组可不设防火堤。

7）全冷冻式液氨储罐应设防火堤，堤内有效容积应不小于1个最大储罐容积的60%。

8）全冷冻卧式液化烃储罐不应多层布置。

第三章　原料及产品的运输

第一节　汽车装卸设施

一、装车方式

汽车罐车是散装油品公路运输的专用工具，对小宗油品或不通火车、油轮的一些地区，这种运输方法起主要作用。

汽车罐车灌装方法有多种，可采用储罐直接自流灌装、高架罐自流灌装及泵送灌装。当有地形高差可利用时，采用由储罐自流灌装是最经济的，若受地形限制，也可用泵将油品送至高架罐，然后利用高差自流装车，但目前较常采用的是泵送灌装方式，由于采用流量计及电磁阀控制系统，需要的阻力降较大，利用高架罐难以满足要求[1]。

二、装车台车位计算

轻质油、重质油、润滑油、液化石油气以及石油化工产品，由于介质性质相差较大，宜分别设置装车台。汽车罐车装油台一般设有遮阳防雨棚，特别是在炎热多雨地区。当每一种产品的装车量较小时，1 个车位上可设置多个装油臂。当装载的介质性质相近，相混不会引起质量事故时，几种介质可以共用 1 个装油臂。

每种油品的装油臂数量可按式(3-1)计算。

$$N=\frac{KBG}{TQ\gamma} \tag{3-1}$$

式中　N——每种油品的装油臂数量；

G——每种油品的年装油量，t；

T——每年装车作业工时，h；

Q——一个装油臂的额定装油量(应低于限制流速)，m^3/h；

γ——油品密度，t/m^3；

K——装车不均衡系数，要考虑车辆运行距离，来车的不均衡性，装车时间与辅助作业时间的比例等因数；

B——季节不均衡系数，对于有季节性的油品(如农用柴油、灯用煤油)，B 值等于高峰季节的日平均装油量与全年日平均装油量之比；对于无季节性的油品，$B=1$。

汽车装油臂的正常设计速率和推荐的最大速率见表3-1。

表3-1　装油臂的设计、最大速率

装油臂尺寸	设计速率/(m^3/h)	最大速率/(m^3/h)
DN80	68.4	79.2
DN100	126	136.8
DN150	227	273.6

三、装车台的布置

汽车罐车的装油作业区，人员较杂，宜设围墙(或栏栅)与其他区域隔开。作业区应设单独的汽车出口和入口，当受场地条件限制，只能设一个出入口(进出口合用)时，站内应设回车场。作业区不可避免会有滴油、漏油，需要用水冲洗地面，因此应采用现浇混凝土地面，不得采用沥青地面。

汽车罐车运送油品、石油化工产品、液化石油气等，都属于危险品运输，因此装车台的位置应设在厂(库)区全年最少频率风向的上风侧。为便于车辆的进出，作业区要靠近公路，在人流较少的厂(库)区边缘。出口和入口道路不要与铁路平面交叉。

除非使用的罐车的高度和容量已经预先确定，否则装车台的设计应该要适应当前运行中的罐车的全部车型。

装车台可以根据装车的车位、场地的大小、自动化程度、装载的品种等因素来确定其型式，一般分通过式和旁靠式两种。

采用高架罐装油时，一般每种牌号的油品设1个灌装罐，每种油品的容量，一、二级油库不宜大于日灌装量的一半，三、四级油库不宜大于日灌装量。

装车台内应采取防火、防爆、防静电措施，灌装轻质油品的装车台与各个建、构筑物要有一定的防火距离。在装油台上设有仪表操作间时，电气仪表要考虑防爆要求，装车台处要设导静电的接地装置。

汽车罐车装油臂与油罐、建筑物之间的防火距离，不应小于表3-2的规定。

表3-2　油品汽车罐车装油臂与油罐、建筑物之间的防火距离

m

名　　称		装　油　臂	
		甲、乙类油品	丙类油品
油罐	50000m^{3}以上	24	19
	5000m^3<V≤50000m^3	19	15
	1000m^3<V≤5000m^3	15	11.5
	1000m^{3}以下	11.5	9
高架罐		10	8
甲、乙类油泵房		15	15
丙类油泵房		15	12
明火及散发火花地点		30	20
其他建筑物		15	10
围墙		15	5

第二节　火车装卸设施

一、铁路罐车的类型

在我国，石油化工产品的运输仍以铁路运输为主。所用的罐车类型按功能分类，主要有轻油罐车、重油罐车、沥青罐车和液化石油气罐车(以下简称液化气罐车)[1]。

每种罐车的结构大体相同，但不同车型的尺寸等数据却有许多差别(见第一章)。

一般罐体工作压力最高允许2MPa，允许的工作温度范围是-40～50℃。

装、卸油的管口均设在罐车上部，管径为DN50，同时罐车上部还设有气相管接口(DN40)，装车时排气，卸车时进气，一般还在罐上部设双管式滑管液位计，显示罐车内液位高度。

新型液化气罐车罐体上已不再设隔热层而是采用遮阳罩减少阳光的辐射，罩的包角为120°，罩与罐体间距最少60mm。

二、一列罐车的车数

对规模较大的装、卸油设施，常是整列收发。一列罐车的车数是一次到达装、卸油设施的可能最多油罐车数，设该车数为N，则：

$$N=\frac{\text{列车途经的铁路线上机车的牵引定数}}{\text{一辆油罐车的自重+标记载重}} \tag{3-2}$$

式中右侧各参数单位均为t。

机车的牵引重量与铁路线路坡度有关。在设计工作中，一列罐车的车数不能自行计算确定，应在设计工作开始时即向铁路部门咨询，并得到装、卸油设施所在地铁路管理部门的认同。

三、铁路油品装卸台的布置及铁路限界

1. 铁路油品装卸线的设置要求

1）铁路油品装卸线应采用尽头式且为平直线。股道直线段的起始端到装卸台第一个鹤管的距离应该大于罐车长度的二分之一，但装卸线无法布置在平直线上时，也可布置在半径不小于600m的曲线上。装卸线上油罐车列的始端车位车钩中心线距前方铁路道岔警冲标的距离应大于31m，终端车位车钩中心线到装卸线车挡的安全距离应不小于20m。

2）油品装卸线与非罐车装卸线的中心线距离必须满足：

（1）装甲、乙类油品的不应小于20m；

（2）卸甲、乙类油品的不应小于15m；

（3）装卸丙类油品的不应小于10m。

3）甲、乙、$丙_A$类油品的装卸线与$丙_B$类油品装卸线宜分开设置；当甲、乙、$丙_A$类油品与$丙_B$类油品合用装卸线且同时作业时，两种鹤管的间距不应小于24m，不同时作业时无间距要求。

4）相邻两座油品装卸栈桥之间的两条油品装卸线的中心线的距离应满足：

（1）当二者或其中之一用于甲、乙类油品时，不应小于10m；

（2）当二者都用于丙类油品时，不应小于6m。

5）两条油品装卸线共用装卸栈桥时，两条油品装卸线的中心线的距离应满足：

（1）当采用小鹤管时，不宜大于6m；

（2）当采用大鹤管时，不宜大于7.5m。

2. 铁路油品装卸台的铁路限界要求

（1）油品装卸线中心线到无装卸栈桥一侧其他建筑物或构筑物的距离，对于露天场所不应小于3.5m，非露天场所不应小于2.44m。

（2）油品装卸线中心线到大门边缘的距离，有附挂调车作业

时不小于3.2m，没有附挂调车作业时不小于2.44m。

(3) 桶装油品站台与铁轨轨面的垂直距离不应小于1.1m，垂直距离等于1.1m时站台边缘到铁路中心线的距离应大于或等于1.75m，大于1.1m时站台边缘到铁路中心线的距离应大于或等于1.85m。

(4) 油品装卸栈桥边缘到铁路中心线的距离，自轨面算起3m以下不应小于2m，3m以上不应小于1.85m。鹤管距铁路大门不应小于20m。

3. 铁路油品装卸台宽度及其他

小鹤管单侧台的宽度不宜小于1.5m，双侧台的宽度应为2~3m。

小鹤管装油台除两端应各设1座斜梯外，台子中间每隔60m左右应设安全梯1个。

大宗产品的小鹤管装油台在多雨或炎热地区应设雨棚，其他地区可不设雨棚。航空汽油、喷气燃料等特种油品的小鹤管装油台应设雨棚。润滑油小鹤管装车台应设库房或雨棚。

雨棚的高度应视鹤管的结构尺寸而定，雨棚宽宜使与铅垂线夹角为45°的斜向飘落的雨滴淋不到罐车的灌油口，库房内的净高应为8m(自轨顶算起)，库房宽度应根据装油台宽度、铁路限界尺寸及人行走道宽度结合建筑模数确定。

当小鹤管装油台不设雨棚或库房时，其结构长度超过6辆铁路罐车总长者，应在台上设值班室。

大鹤管装油台长度不宜小于3辆铁路罐车的总长。轨顶以上3.5m高的主台面宽度宜为3.5~4m(3个车位间的连接走道的宽度可取1.5~2m)。

大鹤管装油台应设雨棚，雨棚高视鹤管结构尺寸而定，雨棚应使雨水淋不到铁路罐车的灌油口。在多雨或多风沙地区，雨棚的两侧宜设挡雨(风)板。主台面的中央部位应设操作室，操作室内安装大鹤管的操作、控制台。

四、原油卸车

原油卸车设施是为了使罐车中的原油顺利地卸出并送至原油储罐的专用设施，应采用密闭自流、下卸式工艺流程。一般情况下，该设施包括卸油台、鹤管、汇油管、过滤器、导油管、零位罐及转油泵等内容。设施的工艺流程如图 3-1 所示。

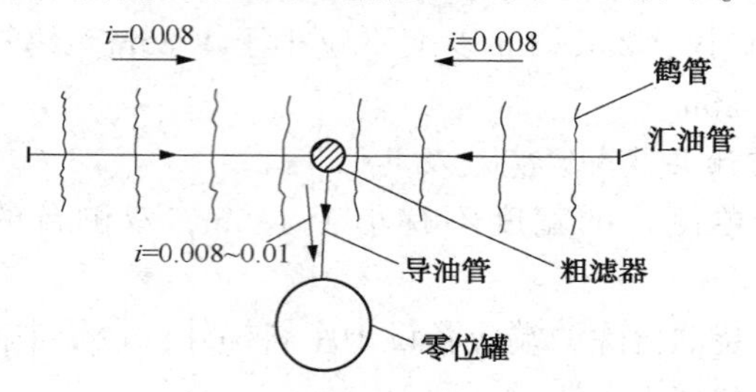

图 3-1　卸车流程示意图

1. *原油卸车设施设计的基础数据*

根据相关的设计规范，设计的基础数据如下：

（1）罐车装满系数宜取 0.9；

（2）确定卸油台的长度时，罐车的长度宜取 12m，特殊情况可按实际车长计算；

（3）年操作天数应取 350d；

（4）进入原油卸车台的罐车宜按成列考虑，一座卸油台的日作业批数不宜大于 4 批；

（5）铁路运输不均衡系数可取 1.2。

2. *原油卸车设施的设计*

1）卸油台的长度和座数。

原油卸车设施宜设卸油台，以完成开、闭罐车顶盖及卸油中心阀等操作。台面应较铁路轨顶高 3.4~3.6m。台面宽度应为 1.5~2.0m。台下地面应铺砌。卸油台范围内的铁路应采用整体道床，道床两侧应设置防渗漏的排水沟。卸油台进车端应向来车方向设指示卸油作业完成情况的信号灯，灯的开关应设置在台上。

卸油台应用耐火、不滑和不渗水的材料制作，以满足安全和环保的要求。卸油台两端应各设一斜梯，台子中间应每隔 60m 左右设一安全梯。卸油台可用钢结构或混凝土结构，柱间距应与卸油鹤管间距协调，一般为 6m 或 12m。卸油台的长度和座数应通过式(3-3)～式(3-6)计算确定。

当日卸车辆数不足半列时，可按半列设台；当日卸车辆数大于半列或等于一列车的辆数时，应按整列设台；当日卸车辆数超过一列车的辆数时，应会同铁路部门共同确定合理的日卸车批数并尽可能按整列设台，这时，台的座数可按下式计算，计算结果带有小数时，小数部分极小，则可舍去，一般应将整数部分加一作为计算结果。卸油台长度取决于一列(批)车的最大长度，对单侧卸油台，台长按式(3-5)计算。若卸油台为双侧台，则台长按式(3-6)计算。

$$N=\frac{G\cdot K}{\tau\cdot\gamma\cdot V\cdot A} \tag{3-3}$$

$$P=\frac{N}{m\cdot n} \tag{3-4}$$

$$L=l\left(n-\frac{1}{2}\right) \tag{3-5}$$

$$L=\frac{l}{2}(n-1) \tag{3-6}$$

式中 N——平均日卸车辆数，辆/d；

G——年卸车总量，t/a；

K——铁路运输不均衡系数，取 1.2；

τ——年操作天数，取 350d/a；

γ——原油密度，t/m^3；

V——辆罐车的容量，取 $55m^3$/辆；

A——罐车装满系数，取 0.9；

P——按列设台的卸油台数座数；

m——日卸车批数，批/d；

n——一列罐车的辆数，辆/批；

L——卸油台长度，m；

l——一辆罐车的计算长度，m/辆；可取12m；

n——一列车的辆数，辆/列。

单侧台调车次数少，但占地较双侧台多，而且一列车中每辆罐车的车长不会与鹤管间距(一般均取12m)正好相同，所以列车头部与鹤管对位后，列车越长则尾部车对位就越困难，因此，一列车的卸油台应尽可能地选用双侧台，以减少对位的困难和占地面积。

2）原油卸车鹤管。

由于原油卸车均为下卸，故鹤管均应选用下卸鹤管。鹤管直径应为DN100。它是卸油时使罐车下卸口与汇油管密闭连通的机械设备，鹤管与罐车下卸口的连接件是一活接头，活接头的螺纹应与罐车下卸口的螺纹规格一致。鹤管与汇油管应用法兰连接，一般汇油管直径均大于鹤管直径，所以汇油管应在每个鹤位处设支管，支管管径应与鹤管一致，并用法兰连接。鹤管本体则有多种结构，旧式鹤管常用耐油胶管，带伸缩套筒的钢管及螺纹套管式旋转接头组成。而新式鹤管则本体全部为钢管及滚珠轴承式旋转接头组成，不仅密封性能好，不会泄漏油品，而且旋转接头转动灵活、操作省力，由多个旋转接头组成的鹤管更可实现较大范围内的对位连接(包括水平及铅垂直两个方向)，能适应各种罐车的编组情况。

3）汇油管、导油管及过滤器。

罐车内的原油以自流方式流经卸油鹤管后，便进入汇油管。当汇油管较短时，汇油管可为等径管；当汇油管较长时，应考虑在汇油管的适当位置用偏心大小头变径，以适应管内流量不同对管径的不同要求。

汇油管中的油品通过一台过滤器过滤后进入导油管，然后进入零位罐。过滤器也可设在零位罐前的导油管上。

汇油管和导油管一般采用管沟敷设或埋地敷设，坡度一般为：

汇油管　$i=0.008$；

导油管　$i=0.008\sim0.01$

埋地敷设时，管道应作防腐处理，并应考虑地下水的影响。

汇油管上全部连接鹤管的法兰应布置在同一水平面上，以免卸油过程中油品从标高较低的鹤管口中冒出。在汇油管的端部应有 DN40 的放气管，管口应高于汇油管 2m 以上，汇油管端部还需与蒸汽管连接，一般连接管口径为 DN50，以供冬季暖管或必要时对管道进行吹扫之用。在汇油管上每隔 2~4 个车位(即 24~48m)可设一个 DN100 的漏斗，以便清扫后收集的残油倒入汇油管中。

过滤器应安装在井内，以便过滤器的维护及检修。该过滤器对滤网的网目数要求不高，只要求阻止较大物件通过即可，一般采用打孔钢板代替滤网，所有孔的面积之和等于导油管断面面积 2~3 倍即可。

导油管按坡度要求接至零位罐壁处后可直接进入零位罐，但应注意导油管在罐内应向下安装，直至罐底以上 100~150mm 为止，以防喷溅式进油在罐内产生较高的静电电位。

实际工作中，当所卸原油黏度为 $2\times10^{-5}\sim2\times10^{-4}m^2/s$ ($20\sim200mm^2/s$)时，汇油管或导油管的直径与同时卸油的车辆数关系可按表 3-3 确定。

表 3-3　汇油管或导油管的管径

车位数	1	2	3	4	5~6	7~8	9~12	13~15	16~25
DN/mm	250	300	350	400	450	500	600	700	800

注：本表是按双侧卸油编制的。

4) 零位罐及转油泵[1]。

导油管将汇集的油流引入零位罐后，便通过转油泵将所卸油品转输至库区储罐。

如果地形条件允许，应尽量将卸油台布置在较高处，零位罐布置在较低处，使零位罐按地上油罐设计即可满足自流卸车的要求，当无自然地形条件可以利用时，则零位罐只能是地下式或半地下式油罐。

地上式油罐应采用钢结构油罐，地下或半地下式油罐一般均采用离壁式或贴壁式钢混结构油罐，混凝土罐已不再使用。

零位罐上应设通气管(不应设呼吸阀)、阻火器、透光孔、人孔及液面指示仪表等。

零位罐的有效总容积应等于—批车的卸油总量。如果每批车即是一列车，则零位罐的有效总溶积应为—列罐车的总油量。

当一批车即为一列车时，在一列车的车辆数较大的情况下，卸油台过长，对位和其他操作难以进行，因此，设计时采用双侧卸油的卸油台，即将一列车分为两组，在卸油台的两侧各停放一组(每组车辆数为半列车的车数)，两组车共用一条汇油管。

一般情况下，一列车由 48~50 辆罐车组成，对双侧卸油台每隔 10~12 个车位即设一个零位罐(即该零位罐应能容纳半列车的卸油量)，整列车共设两个零位罐。

转油泵可选用潜油泵(泵为离心泵，电机设于零位罐顶之上)。

当日卸车批数大于 1，且转油泵的台数等于或小于 2 时，可设 1 台备用泵，否则，可不设备用泵。一般转油泵至少设 2 台，并联操作。

转油泵的总流量应满足在两次来车的间隔时间内即可将零位油罐中的油品全部转走的要求。流量小些则比较经济，可按冬季平均卸油时间 5h 内转完一次卸油量或按 12~16h 内转完一天的卸油量考虑。

转油泵的扬程应大于或等于转油管道的沿程摩阻与位差(油库区储罐最高液位与转油泵的高程差)之和，并应按冬季油温较低、油品黏度较大的不利情况计算。

5）其他要求：

（1）事故车的卸车：当下卸式罐车的下卸装置出现故障不能以下卸方式卸车时(这种车俗称瞎子车)，一般均在卸油台铁路末端或另设一铁路支线，安排卸油台及上卸鹤管，对事故车进行上部卸油。一般事故车卸车车位数取 1~2 个，布置在卸油台的一侧的尽头处，卸油泵宜选用容积式泵。

（2）卸油台的地面应铺砌。

（3）卸油台范围内的铁路道床应采用整体道床。道床的两侧应设防渗漏的排水沟。

（4）卸油台进车端应设指示卸油作业完成情况的信号灯，开关应设在卸油台上。

（5）卸油区应设普遍的投光灯照明，在卸油鹤管操作处，应设照明灯。照明灯具应满足防爆要求。

（6）卸油台上值班室内应设能与生产调度及有关罐区、泵房操作者联系的电话。

五、轻、重油装车设施

轻、重油装车设施包括一般成品油(汽油、煤油、喷气燃料、柴油、燃料油)及液化石油气、沥青及润滑油的装车设施。

目前，装油均为上装，上装又分大鹤管装车和小鹤管装车两种。

大鹤管的机械化自动化水平较高，有利于集中控制，用人较少，口径大(DN200)装车较快，是大宗油品装车的首选设备。

小鹤管(口径为 DN100)有手动、气动两大类，可按需要进行选用。

装车设施主要由铁路、装油台及安装在装油台上的油品和辅助管道及鹤管组成。另外，对特种油及润滑油还有其必须的雨棚或库房。

1. 一般要求

装车设施应满足炼油厂油品铁路出厂的要求，所装油品由油品管道流入各装车鹤管，通过插入罐车内的鹤管而注入罐车，一般情况装油均按双侧装车考虑。

液体沥青、重质燃料油、润滑油、液化石油气及芳烃宜单独设台装车，液化石油气和芳烃在装油量较少时方可按同台装车考虑。其余大宗产品均可同台装车。

性质相近且少量混合又不影响质量的油品，可共用鹤管。但液化石油气、芳烃、特种油的鹤管应专管专用。喷气燃料和航空汽油装车前应通过精密过滤器过滤。

对有静电引燃(爆)危险的油品，鹤管出口最低点与罐车底的距离不宜大于200mm，装油时鹤管出口未完全浸入油中之前，管口流速应限制在1m/s内。装油鹤管出口完全浸入油中以后，鹤管内的允许流速应满足式(3-7)的要求。

$$uD \leqslant 0.8 \tag{3-7}$$

式中 u——油品在鹤管内的流速，m/s；

D——鹤管的内径，m。

大鹤管出口的流速可以超过上式的计算值，但不得大于5m/s。

装油管道在装油台内装油阀后的最高点应设真空破坏措施。但当鹤管出油口带有可开关的密封装置时，则可免设真空破坏措施。

当储油罐的液位和装油鹤管最高处的高差足够大时，应选用自流方式装油。自流装车管道中的油品流速可按式(3-8)计算。

$$V=\sqrt{2g(\Delta h-H_{\mathrm{f}})} \tag{3-8}$$

式中 V——自流装车管线中的油品流速，m/s；

Δh——计算平均流速时，取油罐内油品平均液位(取油罐出口至罐最高液位的1/3处)与罐车中心液位的高差，m；计算最大流速时，取油罐最高液位与鹤管出口的高差，m；

H_{f}——装油管道的总摩阻损失，m。

2. 装油台规模的确定

1）大宗产品的小鹤管装油台。

对大宗产品，每种油每批车的辆数宜按一列车的辆数，该辆数亦即装油台的鹤位数。该种油品装油台的座数宜按式(3-9)计算。

$$N=\frac{GK}{n_1 \cdot n_2} \tag{3-9}$$

式中 N——一种大宗油品装油台的座数，座；

G——该种油品的平均日装车量，m^3/d；

K——该种油品的铁路运输不均衡系数，可取1.2；

n_1——日装车批数，批/d；最大值 $n_1=4$，对新建炼油厂可取3；

n_2——每批罐车(即一列车)的装油总量，m^3/批。

N 如非整数应进行处理，见原油部分。

2）小宗油品的小鹤管装油台。

应先按油品品种并按油品是否可同台装车，确定装油台的座数，然后按式(3-10)分别计算每座装油台的车位数(即每批车的辆数)。

$$N=\sum \frac{GK}{\gamma mVA} \tag{3-10}$$

式中 N——装油台车位数(即每批车的辆数)，辆/批；

G——日平均装油量，t/d；

K——铁路运输不均衡系数；

γ——装车温度下的油品密度，t/m^3；

m——日装车批数；

V——一辆油罐车的平均计算容积，m^3/辆；

A——油罐车装满系数。

计算所得结果应与铁路管理部门充分协商，必要时则应调整计算，例如调整装车批数以满足铁路方面对每批车辆数的要求。

3）大鹤管装油台。

大鹤管装油台宜采用双侧装车，每侧设1台大鹤管，当1辆罐车装满后，则罐车引设备将罐车向前牵引1个车的距离，使下一辆空车进入大鹤管对位装车的范围内，操纵大鹤管对准车口，插入罐车，然后开始装车。直到将装油台一侧所停放的罐车全部装完为止。

由于这种装油台一侧只有1台大鹤管工作，所以装油台长度较小鹤管装油台短得多。

大鹤管装车台一侧一批次装车辆数的最大值应为12辆，这是因为罐车牵引设备最多只能牵引12辆车，超过12辆则易发生“小爬车”在罐车车轮下钻过车轮的“钻车”事故。所以1个大鹤管装油台在双侧装油时，每批车的最大辆数为24辆。

当一列车为48辆罐车时，则可在一股道上设2个大鹤管装车台，2个装车台间留12辆车的距离，即可实现一次装一列车的要求。

按大鹤管装车台的这一特点，则可根据式(3-9)算出的大宗油品装油台座数N，合理安排。最终确定大鹤管装油台的座数及其布置。

4）装油台的安全措施及其他要求。

（1）装油管道上除每个鹤管前应设切断阀外，在进装油台前的油品总管上应设便于操作的紧急切断阀，该阀应在装油台外。与装油台边缘的最小距离至少应为10m。

（2）无隔热层的轻质油装油管在没有放空措施时，应有泄压措施。以免日晒较强时管内油品受热膨胀，使管道上的薄弱环节处破裂。

（3）各种重油、润滑油的装油管(包括鹤管)应有放空、扫线或伴热措施。

（4）装油台的工艺及热力管道应考虑水击及热补偿问题。

（5）喷气燃料、特种润滑油的装油管宜用氮气扫线。有时可将喷气燃料装油管与不合格油管接通，以便管中油品不合格时用合格油进行置换。但接通处应设隔离盲板。

（6）汽油、灯油、轻柴油、芳烃、特种油和润滑油等装油台应考虑罐车内出现不合格油时的卸车、返输措施。

（7）装油台上的值班室应设有与装油泵房操作室以及生产调度室联通的电话。

（8）装油台上应设 DN20 的半固定式蒸汽接头，大鹤管装油台应每侧设 1 个，小鹤管装油台应每隔 30m 左右设 1 个。

（9）装油台上可适当设置冲洗用水接头。

（10）装油台上的鹤管、管道、配件均应作电气接地，接地电阻不得大于 30Ω。

（11）装油台下不应设置变配电间，装油台本身需用的电气设备应按现行国家标准《爆炸和火灾危险环境电力装置设计规范》GB 50058 的有关规定，采取严格的防爆安全措施。

（12）可燃气体检测报警器的设置应按现行国家标准《石油化工可燃气体和有毒气体检测报警设计规范》GB 50493 执行。

（13）装油台进车端应设有指示本台装油作业是否完成的信号灯，其开关应设在装油台上。

（14）在装油台作业范围内，对原油及重质油装油台，铁轨道床应用整体道床，对轻质油及润滑油宜用整体道床。整体道床应设排水明沟，使含油污水和含油雨水排入厂内含油污水系统。装油台附近的地面应铺砌。

（15）在各操作部位应设局部照明，装油区应用投光灯作普遍照明。在防爆区内的灯具及开关器件，均应注意防爆。

（16）铁路罐车装油区应集中设置办公室（包括联合办公室）、维修间（包括常用工具、材料的库房）、更衣室、休息室、浴室、厕所等辅助设施。设施的项目及规模应符合国家及中国石化集团公司现行的有关标准及规范。

5）轻质油装车的油气回收系统。轻质油装车时，由于油品流速和流量较大，所以车内油品扰动就比较剧烈，这就加速了车内油品的挥发，以致装车时从罐车口逸出的气体中含有大量的油品蒸气，这种浓度较大的油气从罐车口逸散开来，既不安全又污染环境，而且油品的损耗量也相当大。

油气回收装置目前在国内大致有四大类：即吸收法、吸附法、冷凝法及膜法回收装置。

六、轻重油卸车设施

1. 上卸、下卸工艺

我国目前的铁路油罐车中轻质油的罐车没有下卸口，所以只能上卸，只有重质油(燃料油即渣油及重质润滑油)的罐车才有下卸口，可以下卸。

下卸的工艺及流程可参照本章的“原油卸车”部分进行设计，但罐车装满系数应改为0.95。

轻油上卸有真空系统+转输泵工艺、潜油泵+转输泵工艺和容积泵直接抽吸工艺三种。其中，真空系统+转输泵工艺和潜油泵+转输泵工艺目前使用较多，容积泵直接抽吸工艺由于泵输量较小通常只用于小量产品卸车。

一般情况下，卸油鹤管的最高点处，管内油品压力最低，气阻最容易在该处发生，例如当鹤管内流量为45m^3/h时，鹤管顶高于油品液面4.2m，鹤管管长5m，管径100mm，大气压力为0.1MPa，汽油容重为730kg/m^3，则鹤管顶部压力最低处的压力值为8.7m油柱，而汽油37℃时的饱和蒸气压也是8.7m油柱，所以该鹤管在流量为45m^3/h时，对汽油只能在37℃以下才能正常工作，否则即将发生气阻。因此，真空系统+转输泵工艺有其局限性，其适用于煤油、柴油及37℃以下的汽油等产品卸车；潜油泵+转输泵工艺较适用于高气温、低气压地区接卸汽油及其他易产生气阻的介质上卸[15]。

2. 卸油台规模的确定

可参照本节原油卸车“卸油台”部分。

3. 卸油台的结构及平面布置

可参照本节轻、重油装车设施部分。

4. 轻重油卸车设施的其他要求

可参照本节“装油台的安全措施及其他要求”部分。

七、洗罐站

洗罐站是炼油厂对铁路油罐车进行罐体内部刷洗的设施，以满足炼油厂轻质成品油对所用的罐车内部清洁程度的要求。

原油及重质燃料油一般仅在大修或动火检修时才作刷洗，所以这种罐车的刷洗是在铁路系统的罐车修理厂进行，同时这两种罐车都是专用的，不会改作装载轻质油或润滑油，所以炼油厂洗罐站没有刷洗原油及重质燃料油罐车的任务。

轻质油与润滑油罐车一般也不混用。

1. 洗罐工艺及流程

1）罐车的刷洗要求。

根据国家现行标准《石油产品包装、贮运及交货验收规则》SH 0164，罐车的刷洗要求见表3-4及其附注。

2）洗罐工艺及其流程。

洗罐工艺按操作方式可分为人工洗和机械洗两种。机械洗又有低压清洗和高压清洗两种工艺。低压清洗的水流压力为16～25kg/cm^2，清洗时用置入车内的洗罐器向罐车四壁喷射高速热水流，使油污沿车壁随热水流流至罐底部，同时设法将含有油污的热水及时全部从罐车抽出，以达到罐车特洗的要求。但抽水不及时及洗罐器冲洗总是存在死角部位冲洗不净等问题，故机械洗至今没有普遍应用。高压清洗的水流压力为30～50MPa，国内外使用已经较普遍。

人工洗罐的程序和方法各洗罐站不尽相同，大致归纳如下：

普洗：

（1）用真空罐的真空度，通过软管，将车内残存的油、水抽净，车内残存液体在冬季冻结时，应用蒸汽加热使其熔化，然后将其抽净；

（2）操作人员戴防毒面具进入车中，用拖布等清除车内壁上的油污及铁锈等机械杂质；

表 3-4 罐车的刷洗要求

残存油类 刷洗要求 要装入的油类	航空汽油	喷气燃料	汽油	溶剂油	煤油	轻柴油	重柴油	燃料油（重油）	一类润滑油	二类润滑油	三类润滑油
航空汽油	3①	3	3	3	3	3	0	0			
喷气燃料	3	3①	3	3	3	3	0	0			
汽油	1	2	1	1	2	2	0	0			
溶剂油	3②	2	3	1	2	2	0	0			
煤油	2	1	2	2	1	2	0	0			
轻柴油	2	1	2	2	1	1	0	0			
重柴油	0	0	0	0	0	0	1	1			
燃料油（重油）	0	0	0	0	0	0	1	1			
一类润滑油									2	3	3
二类润滑油									1	1	2
三类润滑油									1	1	1

① 当残存油与要装入油的种类、牌号相同，并认为合乎要求时可按 1 执行。

② 食用油脱脂抽提用溶剂油不包括在本项中，应用专门容器储运。

注：1. 符号说明：

0-不宜装入，但遇特殊情况，可按 3 的要求，特别刷洗装入。

1-不需刷洗。要求不得有杂物、油泥等。车底残存油宽度不宜超过 300mm，油船，油罐残存油深不宜超过 30mm（判明同号油品者不限）。

2-普通刷洗。清除残存油，进行一般刷洗。要求达到无明水油底、油泥及其他杂质。

3-特别刷洗。用适宜的洗刷剂刷净或溶剂喷刷（刷后需除净溶剂），必要时用蒸汽吹刷，要求达到无杂质、水及油垢和纤维，并无明显铁锈。目视或用抹布擦试检查不呈现锈皮、锈渣及黑色。

2. 润滑油类说明：

一类润滑油：仪表油、变压器油、汽轮机油、冷冻机油、真空泵油、航空润滑油、电缆油、白色油、优质机械油、高速机油、液压油等。

二类润滑油：机械油、汽油机润滑油、柴油机润滑油、压缩机油等。

三类润滑油：汽缸油；车轴油，齿轮油、重机油等。

3. 装运食用油、抽提用溶剂油和医药用溶剂油或白油、凡士林等须用专用清洁容器。

4. 装运出口石油产品油船、油舱的检验还须按外贸部商品检验局的有关规定执行。

5. 重油、原油铁路运输时一律使用黏油罐车，不需刷洗。

6. 苯类产品铁路运输时，除尽量使用专用罐车外，可以使用装过汽油等的轻油罐车，根据所运苯类产品的用途，刷洗（如医药、国防用特洗、农药、油漆用普洗）后装运。为防止洗罐中毒起见，凡残存有苯类的罐车，除确认原装品种可重复装同种产品外，一律只允许装运车用汽油，以避免刷洗苯类罐车。

（3）对原装重柴油的车要用蒸汽蒸洗，或用拖布沾灯用煤油刷洗，抽尽残油、积水、用扫把扫清车底；

（4）平均操作时间为每车 10~20min；

（5）如预装油与原装油品种、规格相同，且残油宽度不大于 300mm 时，可不刷洗。

特洗：

（1）准备特洗的罐车应在送入洗罐站前先行挑选，例如，在原装汽油、柴油的罐车中挑选油罐车，以便提高特洗的速度和合格率；

（2）通过车内残油、积水抽吸干净（抽至真空罐中），每车约用 5~10min。

3）对原装汽油的罐车。

方法 1：

先向车内鼓热风 30min（热风温度约 50℃）。人进入车中，手持清水软管，边冲洗边刷洗，同时抽出车内的含油污水，然后用拖布擦拭车壁，平均 1.5h 洗净一个车。

方法 2：

先向车内鼓热风 30~60min，向车内放入液面宽度为 1~1.2m 的清水，人在车中用竹刷沾水刷洗车壁，并及时更换车内刷洗用水，并在最后将水抽净，其时间约每车 60~90min，鼓热风约 10~15min，使车内壁上的水分吹干，人再入车中清扫检查，约 10~15min，平均每车约需 2.5h。

4）对原装柴油的罐车。

方法 1：

将蒸汽软管放入车中，罐车盖压住该软管，放蒸汽蒸洗罐车

10～30min，然后抽尽车中污水，并向车内喷水冷却，同时尽快抽净车内污水，人进入车中用拖布擦拭车壁，然后鼓热风，10～15min将车内水分吹干，人进入车内清扫检查。平均每车约需2.5h。

方法2：

用蒸汽对罐车蒸洗10min，鼓风冷却40～60min，人进入车内用竹刷沾水刷洗，与刷洗原装汽油罐车相同，平均每车约需3.0h。

对油污、铁锈比较严重的车，沾水刷车或擦车时，水中加PPZ农药等洗净剂，提高擦洗效率。

5）对原装润滑油的罐车。

打开下卸阀，用蒸汽蒸洗30～60min，鼓风冷却30～40min后；人进入车中擦洗、清扫，然后鼓热风吹干，检查合格即可，平均每车约需2～2.5h。

2. 洗罐站设计的一般要求

（1）洗罐站一般应包括下列设施：洗罐台、机泵、容器、管道系统及辅助设施。

（2）洗罐台不宜与装车台同台设置，普洗与特洗亦应分台进行。

（3）洗罐台及布置在铁路附近的设备，建、构筑物均应注意符合铁路限界的要求。

（4）洗罐站的辅助设施一般包括：变配电间、擦（拖）布蒸洗及烘干间、工具间、办公室、休息室、浴室、更衣室、厕所等。

3. 洗罐台的规模及建筑、结构要求

洗罐台的结构型式与装油栈台基本相同，其材质宜选钢或钢筋混凝土，宜按双侧操作考虑。计算台长时，宜取车位长度为12m，台宽宜取2～2.5m，台面高度宜为铁轨顶面以上3.4～3.6m，台子最突出部分与铁路中心线的距离，自铁轨顶面算起，3m高度以下应不小于2m，3m高度以上应不小于1.85m。台的两端应设斜梯，沿台长方向每隔60m应设安全梯1个。

洗罐台的规模应按日平均洗车辆数确定。日平均洗车辆数应以日平均装车辆数(不需刷洗的车辆除外，如重柴油、燃料油的装车辆数)为依据进行计算，特洗车宜按装车辆数的100%计算，普洗车宜按装车辆数的20%~30%计算，特洗车的合格率可按90%计，普洗车的合格率可按100%计。

普洗台的规模可按日平均普洗车辆数除以日洗车批数(日洗车批数一般为3或4)计算，也可与最大的一座轻油装车台规模相同。

特洗台的规模可按日平均特洗车辆数除以日洗车批数(该日洗车批数一般为2或3)计算，并应与航空汽油、喷气燃料及一类润滑油装车台规模相适应，即特洗台一批完成的车辆数不应小于这些装油台中规模最大的台子的总车位数。

普洗台可考虑设雨棚。特洗台应有防风沙、雨、雪、防冰冻、防日晒等措施，以保证操作质量，宜按设库房考虑。

库房或雨棚的净高(从铁轨顶面算起)宜按不小于8m考虑。雨棚宽宜使与铅垂线夹角45°斜向飘落的雨滴淋不到罐车口。库房及雨棚的长度宜略大于洗罐台与其两端斜梯平面投影长度之和，库房大门打开后与铁路最为靠近的部位与铁路中心线的距离应不少于2m，大门的净高(自铁轨顶面算起)应不小于5m。

在洗罐台长度或库房、雨棚范围内的铁路道床应采用整体道床，道床两侧或铁路中心应设排水沟，沟内的含油污水应送至污水处理厂进行处理。

位于冬季采暖地区的洗罐库房内一般需设置全面采暖。库房内在罐车进行鼓风操作时油气浓度很高，应在充分利用自然通风进行换气的基础上，同时在库房上部设屋顶通风器进行排风，必要时还应在库房下部设机械送风装置。铁路外侧的墙上应尽可能多设窗户，为库内通风换气创造条件，同时也有利于库内采光。

4. 洗罐设备的选用及消耗指标

1）洗罐设备的选用。

(1) 抽吸罐车底部的残油和污水，目前选用的设备为真空泵。

真空泵的型号、台数，连同真空管道系统的直径，应通过真空系统的计算确定。

(2) 真空污油罐的容量应大于洗罐台3天中所抽吸的车内残油量(每辆车的平均残油量宜按0.02m^3计算)，可采用小于或等于10m^3的卧式钢罐。一个洗罐台下至少应设2个真空污油罐，以满足切换操作要求。当污油黏度较大或凝点较高时，可根据需要在罐内设蒸汽加热器并在罐外设保温层。

(3) 真空污水罐容量及台数选用原则与真空污油罐基本相同，但因特洗时每车的污水量大于残油量，故真空污水罐容量一般均按台下空地尽可能容纳的容积确定，该罐也应设置两台，以备切换操作之需。

(4) 污油泵一般设于真空污油罐附近，可选用管道泵，其流量可按真空污油罐内污油量除以其允许排空时间(可取1~2h)计算，扬程应满足污油向厂内污油罐输送的要求。

(5) 向罐车内鼓风进行换气、冷却、吹干作业用的鼓风机风压宜为5~7kPa，风量应满足同时作业的车辆同时鼓风的要求，每个车所需风量可按2000~2500m^3/h计算。由于罐车内鼓风吹干要求用热风，并且热风温度应不低于50℃；所以鼓风机出口或进口应设加热器。

(6) 洗罐用的机泵应选配防爆型电机。

(7) 辅助设施中的洗衣机、拖(擦)布蒸洗池、烘干箱等应根据洗罐台规模选用。

2) 消耗指标：

(1) 蒸汽消耗指标。

人工特洗原装柴油、润滑油罐车，蒸洗10~30min耗汽量约为0.07~0.21t/车。

蒸洗拖(擦)布耗汽量为0.2~0.3t/h，烘干拖(擦)布的烘干箱汽量随烘干箱的规模变化，可据具体情况自行确定。

鼓风机的空气加热器耗汽量因地区气温不同而差异较大，最大用汽量可按 0.06～0.09t/(h·车)计算，蒸气压力应为 0.3～0.5MPa(表)。

采暖用汽量因地区及建筑物不同差异较大，包括特洗台的库房、真空泵房及各辅助设施的采暖用汽量，应按实际情况计算确定。

(2) 新鲜水消耗指标：

轻油车人工特洗每车约为 0.5～1t(时间约为 15～20min)。

洗拖(擦)布用水量可按 0.2t/车计算。

水环式真空泵的耗水量随型号不同相差较多，应据所选泵的样本数据进行计算，一般可参照表 3-5 中的数值计算。

表 3-5　真空泵耗水量表

真空泵型号	耗水量/(L/min)	真空泵型号	耗水量/(L/min)
SZ-1	10	SZ-3	70
SZ-2	30	SZ-4	100

辅助设施的生活性用水一般可按 0.06～0.08t/(h·人)计算(包括浴室用水)。

5. 高压水清洗

高压水射流清洗罐车内壁、人工清扫残留物及擦拭、鼓风吹干罐车。该技术利用高压水泵将水加压到 30～50MPa(表)，通过高压水管、控制阀和三维清洗头及进给机构，将高压水喷射到槽车罐壁上，经过冲击、切割、铲除等作用，将罐壁各处的污物洗掉，达到理想的清洗效果，和传统特洗流程相比，整个过程自动化程度高，洗罐效率高、大气污染降低和工人劳动强度低。

第三节　水　运

我国海岸线长度达 18000km，有良好的港湾和优越的建港条件。天然河流 5000 多条，总长约 43×10^4km。淮河和秦岭以南的河流，大多水量充沛，常年不冻。长江、珠江、淮河各大水系，流域面广，航运条件好。

水上运输按其航行的区域，大体上可划分为远洋运输、沿海运输和内河运输三种类型。

远洋运输通常是指除沿海运输以外所有的海上运输。

从船舶航程的长短又可区分为“远洋”和“近洋”。前者是指我国与其他国家或地区之间，经过1个或数个大洋的海上运输。如我国与东、西非洲，欧洲，南、北美洲等地区之间的海上运输。后者是指我国与朝鲜、日本、新加坡等地区，只经过沿海或太平洋(或印度洋)的部分水域的海上运输。

沿海运输是指在我国沿海区域各港之间的运输。

内河运输是指在江、河、湖泊的水上运输。

水上运输与其他运输方式相比较，具有许多特点[1]：

(1) 载运量大。内河航行的轮船有几十吨到几千吨的轮船，长江水域一艘6000kW的推轮，顶推能力达$3\times10^4\sim4\times10^4$t。海上运输有几万吨级的油轮，目前最大的有$50\times10^4\sim60\times10^4$t级的远洋油轮。所以水上运输不仅运量大，而且适宜长途运输。

(2) 能耗少、成本低。水上运输的能源消耗较少，一般情况下，能耗占运输成本的40%左右，能耗低则运输成本也低。水运和铁路相比，水运成本是铁路货运成本的70%左右。

(3) 投资少。水运主要是利用“天然的航道”，用于水上航道建设的投资比其他运输方式要少得多。

一、港址选择

1. 建港条件

港址的选择一般可从如下几个方面考虑：

(1) 符合国民经济发展和沿海经济开发区的需要，并满足港口合理布局的要求；

(2) 根据港口性质、规模及船型，按照深水深用的原则，合理利用海岸资源，适当留有发展余地；

(3) 处理好与商港、渔港、军港、临海工业、旅游以及其他部门之间的关系，并与城市规划互相协调；

（4）尽量利用荒地、劣地、少占或不占良田，避免大量拆迁；

（5）考虑安全作业和保护环境，油气码头尽量设于居民区的下风向；

（6）所选港址除满足建港任务要求外，并要做到技术上可行，经济效益和社会效益高；

（7）根据选址任务特点和船舶尺度要求，充分利用河口段深槽、泻湖(包括泻湖入海口)或天然海湾建港，以降低工程造价；

（8）港口应有足够的陆域、水域面积。港口水域应尽量选择在有天然掩护，浪、流作用小，泥沙运动较弱的地区。在冰冻地区，要考虑冰凌对港口的影响。尽量利用天然深槽，减少疏浚和助航设施的工程量；

（9）注意港口工程与泥沙运动间的相互影响，避免造成港口严重淤积和海岸(或河口)的剧烈演变；

（10）港址的天然水深应适当，避免在过深的地段造防波堤，也不要因水深太浅而使疏浚量增大；

（11）港址尽量选在地质条件较好的地区，避开断裂带、较弱夹层和石方工程较大的地区，对于软土地区，避免在软土层较厚的地区选址；

（12）港址尽量选择对抗震相对有利的地段，避开不利的地段；

（13）对油气码头当不具备天然掩护条件时，可考虑建设开敞式码头，其位置宜选择在天然水深好，波浪、水流对船舶影响小，离岸较近的水域；

（14）港址应尽量靠近石油化工厂、炼油厂、油库等收发货设施，以减少运输距离。

2. 基本要求

从平面布局看，能选择到一个良好的港址是很不容易的。通常，希望能满足以下基本要求。

1）船舶航行方面的要求：

船舶能安全方便地进入港口及在港内运转和锚泊。港口水域和航道经过适当疏浚后就能达到所需的水深，同时要求地质稳定，回淤影响小。港口水域有良好的掩护条件，能够防淤、防浪。

2）港口建筑方面的要求：

港址的自然条件好，使建筑工程量小，工程造价最低。有良好的建筑施工条件，有为施工船舶防浪、避风的水域，有水源、电源，以及必要的生活设施，建筑材料运距最短，费用最低。

3）操作管理方面的要求：

能方便布置陆上各种运送系统，并尽可能靠近发运或接收点，缩短运距。有足够的陆域面积，或有回填陆域的可能性，以便设置各种营运设施。有远期发展需要的水域和陆域面积。

在选址阶段应对拟选地区的地形、地貌、地质、气象、水文、地震等自然条件进行调查分析和必要的勘测。

地质方面有水底和地层情况等。因粗沙或砾石水底不利于抛锚，地层中有孤石不利于打桩等。

气象方面有雾日、雷暴日、冰冻期、冰层厚度等，这些都会影响航行或物料装卸作业。

地震方面有地震烈度、断裂带的位置等。

水文资料是筑港工程中最主要的，其中有：

（1）水的流向、流速；

（2）水的含沙量、泥沙运动规律，淤积速率等；

（3）水的冲刷情况；

（4）海岸、河床变迁历史；

（5）波浪状态，如波高、波长、波行方向、波行周期等；

（6）水对建筑材料（钢、木、混凝土等）的侵蚀作用；

（7）海虫活动情况（能侵蚀钢、木、混凝土以及石料的海虫）；

（8）水位资料。河港与海港水位变化规律不同。河港主要以年为周期的洪水、枯水(最高、最低)水位变化，但入海的河段也受海水潮汐现象影响而有一日之内的水位升降变化。

海水受潮汐影响，每日之中就有一次或两次涨潮、落潮变化，每月之中又有大潮小潮各两次的变化。因而在海港设计中使用“潮位”这一术语。海港设计所需潮位资料中常见的有以下几项：

(1) 最高高潮位——历年最高的潮水位；

(2) 最低低潮位——历年最低的潮水位；

(3) 平均潮位——每次涨潮落潮平均值的累积平均值；

(4) 最大(小)潮差——历年中每次涨潮中水位差最大(小)的一次；

(5) 平均潮差——历史每次潮差的平均值。

高低潮位是决定港口工程的高程和水深的基本资料，潮差对船舶装卸作业影响很大。

二、港口工程

港口是由水域和陆域两大部分组成。水域是供船的进出、运转、锚泊和装卸作业使用的。陆域是供货物的装卸、堆存和转运使用的。水域是港口最主要的组成部分，通常认为港界之内的水上面积均属于该港的水域。一般又把港池之外的部分称为港外水域。港外水域主要指进出港航道和港外锚地，港外锚地是供进出港船舶抛锚停泊使用的。通常把港池内的水面部分称为港内水域，包括港内航道、港内锚地、码头前沿水域和船舶调头区等。

港口范围内的陆地面积统称为陆域。陆域包括码头、泊位、仓库、堆场、道路、装卸设施和辅助生产设施等。辅助生产设施主要是指给水排水系统，输电、配电系统，办公、维修、生活用房，工作船基地等。

供船舶停靠的水工建筑物叫码头。码头前沿线通常即为港口的生产线，也是港口水域和陆域的交接线。

码头上供船舶停泊的位置叫泊位，也叫船位。一个泊位可供一艘船停泊，而不同的船型其长度是不一样的，所以泊位的长度按船型的大小而差异。在同一条线上的两个泊位，还要留出两船之间的距离，以便船舶系解缆绳。一座码头往往要同时停泊几艘船，即要有几个泊位，因此码头线长度是由泊位数和每个泊位的长度所决定的。

船只停泊，也可以不靠码头，而是抛锚，或者系在浮筒上停泊，通称“锚泊”，锚泊的水域叫“锚地”。锚地可供等待泊位的船只临时停泊，也可以就在锚地上靠傍另外船只转载货物，叫做“过驳”，也叫“捣载”。内河驳船队的编队或解队也在锚地进行。

远离岸边的水域叫“外海”。在外海可以修建深水岛式码头，停泊大型船舶，再利用中小型船舶过驳。在外海修建栈桥，防波堤等，工程浩大，很不现实，由于大船对风浪的适应性强，因此这种码头大都是孤立的和敞开式的。这种码头特别适合停靠油轮，因为可以铺设水下管道直接与岸上连通。

在外海系泊超级油轮，除修建孤立的岛式码头外，还可以采用浮筒系泊。采用多个浮筒多条缆索系船的叫“多点系泊码头”。近来更多采用“单点系泊”码头（Single Point Mooring）简称SPM。即在海中只设一个特殊的浮筒或塔架系住船首，系船部分有转轴，油轮可随水流和风向变化而改变方位。

三、泊位计算

泊位按式（3-11）~式（3-14）计算。

$$N=N_1+\eta \tag{3-11}$$

$$N_1=\frac{n}{m} \tag{3-12}$$

$$n=\frac{P}{G} \tag{3-13}$$

$$m=\frac{T_y}{t_1+t} \tag{3-14}$$

式中　N——泊位数（整数）；

N_1——最小泊位数；

η——裕量；

n——年需要船次数；

m——一个泊位年最多靠船次数；

P——年装卸量；

G——设计船型每船次装卸量；

T_y——年工作时间；

t_1——每船次占用泊位的时间；

t——两次停泊时间之间的空档时间。

计算出的最少泊位数与取用的泊位数之间的差额即为裕量，裕量是保证泊位有适当的机动性，以适应来船的不均衡、运量增加以及每船次占用泊位时间的波动等情况，是有必要的。

另外泊位还可按下列方法计算：

$$N=\frac{P}{Q} \tag{3-15}$$

$$Q=G\times n_1 \tag{3-16}$$

$$n_1=\frac{T_y\times k}{t_1} \tag{3-17}$$

式中 Q——泊位年通过能力；

n_1——油船年周转次数；

k——泊位利用率。

1. 年工作时间

年工作时间=年工作日×昼夜装卸作业小时。昼夜装卸作业小时，一般取24h；

年工作日=365日-不利作业日数；

不利作业日数系指不利于船舶出入港口、靠泊和装卸作业的日数，其中包括：

（1）雾日：有雾不利船舶出入港，气象资料中“雾日”只是说明出现过雾的日数，不一定每次都是全天24h都有雾，故雾日应有一个折减系数，建议取0.7。

（2）雷暴日：雷暴不影响航行，“远方雷”不影响装卸作业，只有“近地雷”时，油轮和装卸单位双方协商，认为必要时才停泵。气象资料中雷暴日也是出现过雷暴的日数，不一定每次都是全天24h都有“近地雷”而造成全天不能开泵进行装卸，所以雷暴日的折减系数建议取0.3。

（3）大风日：影响作业的风力，对河港和有外堤掩护的海港可考虑大于8级风，对无外堤掩护的海港可考虑为6级风。大风日中，只取其中方向对靠船不利的日数(一般为向岸风)。折减系数建议取0.8。

（4）冰封日：须考虑冰冻厚度对航行影响，港口有破冰能力时，建议折减系数取0.1。

（5）洪水停航日：洪水期江河水涨流急，可能损坏航标，淹没浅滩码头等，不利航行和停靠，折减系数取1.0。

（6）枯水期停航日：折减系数取1.0。

2. 一船次装卸量

一船次装卸量=船舶载油量-残油量

内河船还要考虑枯水期减载量。

残油量即每次不能完全卸净的剩余油量。轻油可不考虑，油轮沿途可以加温时，黏油也可不考虑，但对不能加温的油驳等，按实际情况考虑，如某厂运原油的3000t油驳，每次残油量估计50~70t。

船舶载油量系指油轮的净载重量，即船舶纯粹能载货物的重量。

3. 每船次占用泊位时间

一个船次的全过程包括：待泊、靠岸、系缆、输油前的准备、输油及输油后的整理与解缆离岸等，如系外贸港口，还应包括联检、验舱、制单等时，一般应根据同类油轮泊位营运资料分析确定。

（1）待泊时间：为了安全，前船离岸开出之后与后船开入系泊之前，泊位必须空出的最小时间间隔，建议取1.0~2.0h。一般单航道，顶拖靠离等取大值；双航道，自航靠离可取小值。

（2）靠岸、带缆时间：船在码头前抛锚、靠岸和系缆时间，按作业便利情况建议取 0.5～1.0h，小船、可自航靠岸的船取小值；大船、需顶拖靠岸的船取大值。

（3）输油前准备时间：输油前要进行衔接船岸管系、取样、计量、验舱等工作，其中以衔接船岸管系花时间最多，一般按 0.5～2h，采用输油臂，输油管径较小的，可取小值。

（4）排压舱水时间：新建大型油轮（超过 20000t 级）都设有压舱水舱，不必排压舱水。有时排压舱水和装油可以同时进行，在泊位不紧张时，一般先排后装，因此，排压舱水的时间也可不计入输油准备时间内。

（5）输油时间：根据岸和船上输油泵的能力、输油管径和长度、油轮载货量确定。

油轮净装卸油时间见表 3-6 和表 3-7。

表 3-6　装油港泊位净装油时间[8]

油轮泊位吨级 DWT	500	1000	2000	3000	5000	10000
净装船时间/h	3～5	5～7	7～9	8～10	9～11	10～12
油轮泊位吨级 DWT	20000	30000	50000	80000	100000	120000
净装船时间/h	12～14	12～15	12～16	14～17	15～18	15～18
油轮泊位吨级 DWT	150000	200000	250000	300000		
净装船时间/h	16～20	20	20	20		

表 3-7　卸油港泊位净卸油时间[8]

油轮泊位吨级 DWT	500	1000	2000	3000	5000	10000
净卸船时间/h	4～6	6～8	8～10	9～11	11～13	12～15
油轮泊位吨级 DWT	20000	30000	50000	80000	100000	120000
净卸船时间/h	12～15	15～18	17～18	22～25	24～27	24～27
油轮泊位吨级 DWT	150000	200000	250000	300000		
净卸船时间/h	26～30	30～35	35～40	35～40		

卸船时间主要是由油轮上的输油泵的能力确定的，日本石油工程公司提供的大型油轮卸船效率如下：

LR2 100000DWT(东雄丸)	3 台×3000m^3/h；
VLCC 260000DWT	3 台×5000m^3/h；
	1 台×2750m^3/h；
VLCC 500000DWT(日精丸)	4 台×6000m^3/h。

根据对日本几个大型油码头的调查，15×10^4~20×10^4t 级油轮卸船时间约 30h，而 45×10^4~50×10^4t 级特大型油轮，卸船时间则减少到 22~25h。

我国万吨级以上的原油或成品油装船，实际净装油时间比表 3-6 规定的时间要长些，如 20kt 级油轮，净装油时间约在 16~18h。

（6）输油后的整理时间：主要是检尺、计量、拆卸管系等工作，一般要 1~2h。

（7）解缆离岸时间：一般约 0. 5h。

（8）两次停泊时间之间的空档时间：一般按 6~12h 考虑，航程远者取大值。

（9）泊位利用率：一般取 0. 5~0. 6，最高不超过 0. 7。

四、装卸船工艺

油品的装卸工艺流程比较简单，装船流程为：储罐→机泵→计量仪表→输油臂→油轮油舱。卸船流程为：油轮油舱→油轮输油泵→输油臂→计量仪表→储罐。一般情况下从成品油罐向船装油，有的炼油厂在向大型油轮装油时，是用多台泵抽组分油，经管道调和器和在线质量仪表监控直接装船，国外大型炼油厂有很多这种实例。计量仪表通常只是作为装卸量的监测及参考，贸易交接计量以船的商检为准。

对液态烃的装卸，一般应设有回气管道。

在设计装卸管道流程时，要特别注意管道的排气、吹扫、置换、循环、保温、伴热、泄压等措施。

输油臂坡向油轮部分可以自流入船舱内，输油臂内的存液可用扫线介质吹扫入船舱内，也可用泵抽吸打入输油母管内，也可自流排入泊位上的放空罐内。吹扫介质最好是氮气。

装卸油母管，在正常情况下，油品可以滞留在管道中，对易凝黏油要长期保温伴热或定期循环置换。在母管中保留余油能节省动力，简化操作，由于管子充满油品，隔绝了空气，可以延缓管内壁腐蚀，也有利于油品的计量和结算。

管道免不了有检修动火的时候，应该考虑吹扫措施。管内存油有扫向船舱的，但更多是扫向岸上储罐，也有的是在管道低点设排空罐，油品自流入排空罐，再用泵抽走。

大型炼油厂设有氮气系统，利用氮气吹扫原油、轻质油是最安全可靠的，但成本很高。炼油厂的附属码头，由于蒸汽供应方便，习惯用它来吹扫原油、重油。蒸汽扫线固然安全，但由于温度高和有凝结水，也带来许多不利因素，如管道要按蒸汽来考虑热补偿，容易产生水锤，管道振动，管道接头易泄漏，增加油品含水量，促进管壁腐蚀等。

用压缩空气扫线，对柴油、重质油是可行的。在炼油厂中一般规定，原油可先用轻质油或热水顶线，再用蒸汽吹扫，汽油、煤油则用水顶线或用氮气扫线。

用水顶线后放空，会增加油罐沉降脱水时间，影响油罐周转和油品质量，加大了含油污水的处理量，增加管内壁腐蚀机会，费用也很高。

不论何种扫线方法，在计量仪表处均应走旁通线，避免直接通过流量计。扫线管与油品管道连接处要设双阀，在隔断阀中间加检查阀，以便及时发现串油。不经常操作时，也可在切断阀处加盲板。

油品的膨胀系数大约在 0.06%～0.13%，随着温度升高，体积要膨胀，在油品管道上可设定压泄压阀，把膨胀的液体引回储罐。液态烃随着温度升高，蒸气压急剧增大，为了防止超压，在密闭的管段内可设安全阀，将泄放的气体排入回气管。

第四章　油 品 调 和

第一节　油品调和方法

一、油品调和机理

油品调和主要是使各液相组分之间相互溶解达到均质的目的。在油品中添加各种添加剂大部分也是与组分之间的溶解过程，仅少数添加剂例外。溶解过程的机理是扩散过程，扩散分为分子扩散、涡流扩散、主体对流扩散三种。

分子扩散：各组分（包括添加剂）分子之间相对运动引起物质传递和相互扩散，这种扩散在不同物质的分子之间进行。静止物质的分子扩散过程通常进行得极其缓慢。

涡流扩散：当采用机械搅拌调和或泵循环调和等方式调和油品时，机械能传送给部分液体组分，使其形成高速流动，它和低速流动的组分（或静止液体组分）的界面产生剪切作用，从而形成大量漩涡，漩涡促进局部范围内液体组分对流扩散。这种扩散仅限于在涡流的局部范围内进行。

主体对流扩散：大范围内即所需调和的全部组成通过自然对流或强制对流引起的物质传递。这种扩散在物料的整体范围内进行。

二、油品调和方法

目前油品调和方法主要分为管道调和与罐式调和。

1. 管道调和

管道调和也可称作连续调和，将各组分油或添加剂按不同的调和比例泵入管道中，通过液体湍流混合或通过混合器把流体依次切割成极薄的薄片，促进分子扩散达到均匀混合状态，然后沿输送管道进入成品罐储存或直接装车、装船等出厂。

管道调和可分为手动调和、半自动调和和全自动调和。

手动调和：一般可选用常规仪表，人工给定调和比例，手动操作机泵及控制设备进行油品管道调和。

半自动调和：利用微机控制定量比例调和，在线质量仪表检测实行半自动油品管道调和。

全自动调和：采用质量闭环控制多组分多管道进行全自动油品管道调和。有关管道自动调和流程多种多样，典型的管道自动调和原则流程见图 4-1。

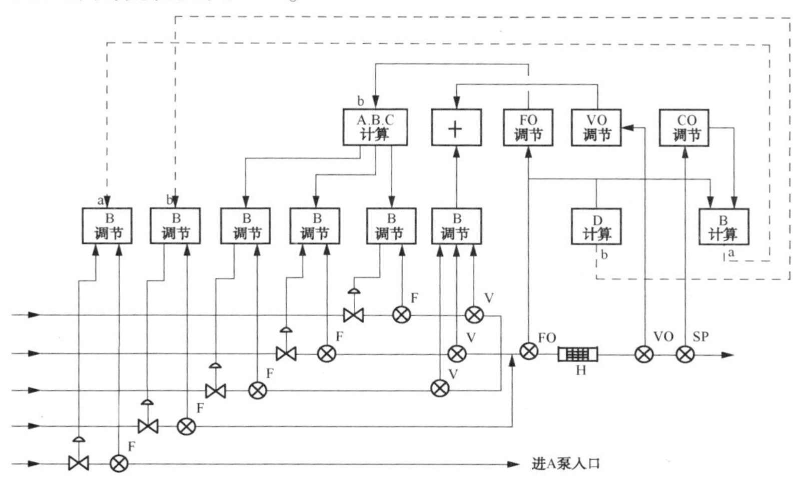

图 4-1　典型的管道自动调和原则流程

A、B、C、D、E—组分油或添加剂；F—分路流量计；FO—总流量计；
V—分路黏度计；VO—总黏度计；SP—凝点在线分析仪；H—混合器；R—目标调和比

2. 罐式调和

罐式调和也叫批量调和或间歇调和。将各组分及添加剂分别用泵按预定比例送入油品调和罐，在罐内调和为成品油，再经过分析化验，满足成品油质量指标后装车，装船或装桶出厂。

罐式调和根据不同条件采用不同的调和设备，一般分为：循环调和、喷嘴调和和搅拌混合。

循环调和：利用油泵与调和罐使油品在泵与罐之间循环调和，达到油品各组分均匀混合的目的。

喷嘴调和：在油罐进口处设置单喷嘴或多喷嘴使油品在罐内由喷射造成涡流扩散达到均匀混合的目的。

搅拌混合：在油罐内设置搅拌器，将油品及添加剂搅拌混合为成品油。批量少，质量要求高的成品油可选用顶部搅拌釜；批量大的成品油应选用带侧向搅拌器的拱顶罐。

三、调和喷嘴、搅拌器及混合气的选用与计算

1. 调和喷嘴

喷嘴分为单喷嘴和多喷嘴(有的厂称为子母式喷嘴)。调和喷嘴用于调和比例变化范围较大、批量也较大的中或低黏度油品的调和。调和流程见图 4-2。

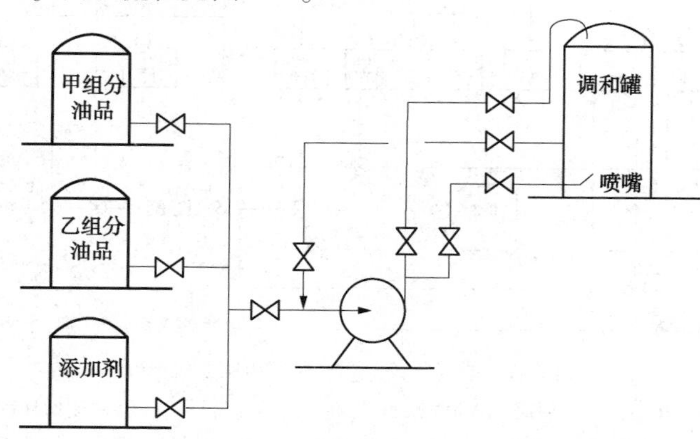

图 4-2　调和喷嘴示意流程

1）单喷嘴计算：

单喷嘴是一个流线型锥形体(类似变径管，即同心大小头)，安装在调和罐内靠近罐底的罐壁进油管上。喷嘴示意图见图 4-3，喷嘴的安装示意图见图 4-4。

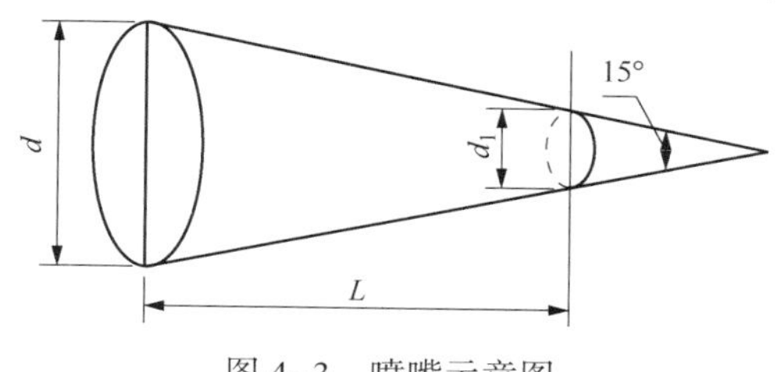

图 4-3　喷嘴示意图

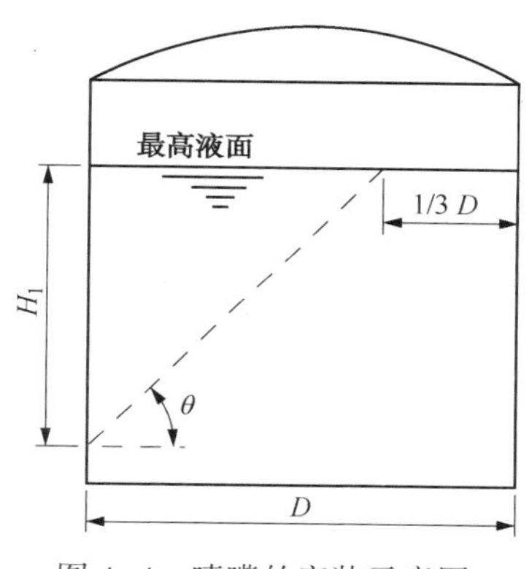

图 4-4　喷嘴的安装示意图

喷嘴中心线的延长线与罐内最高液面的交点应位于有关直径的 2/3 处。

仰角 θ 按式(4-1)计算。

$$\tan\theta = 1.5\frac{H_1}{D} \tag{4-1}$$

式中　H_1——油罐进口中心线至油罐最高液位的高度，m；

D——油罐内径，m；

θ——喷嘴仰角，(°)。

嘴喷射混合组分后不分层所需的压头(不包括克服罐内液体静压头所需的压力)按式(4-2)计算。

$$\Delta P = \frac{H_1 \times S \qquad F(S_2 - S_1)}{\sin^2(\theta+5) \qquad S_2} \tag{4-2}$$

式中　ΔP——喷嘴出口处的有效压头，m；

S——调和后成品油的相对密度；

S_1——较轻组分油相对密度；

S_2——较重组分油相对密度；

F——相对密度常数，见表4-1。

表4-1　密度常数

S_2-S_1	0.01	0.02	≥0.06
F	23	18	15

喷嘴出口直径按式(4-3)计算。

$$d_1=9.17\sqrt{\frac{Q}{\sqrt{\Delta P_1}}} \tag{4-3}$$

式中　d_1——喷嘴出口内径，mm；

Q——通过喷嘴的流量，m^3/h；

ΔP_1——喷嘴出口实际有效压头，m液柱，ΔP_1应大于ΔP与油罐内静压头之和。

喷嘴锥形角θ一般取为15°，喷嘴长度按式(4-4)计算。

$$L=\frac{d-d_1}{2\tan(\theta/2)} \tag{4-4}$$

式中　L——喷嘴长度，mm；

d——喷嘴入口内径，mm。

调和时间按式(4-5)计算。

$$T=\frac{0.0648D^2}{\sqrt{Q\sqrt{\Delta P_1}}} \tag{4-5}$$

式中　T——油品调和时间，h。

2）多喷嘴计算：

多喷嘴一般由5~7个喷嘴组合而成，每个喷嘴头结构与单喷嘴结构相同。多喷嘴与单喷嘴相比，具有减少循环时间，节约能量，降低油品蒸发损耗等优点。

多喷嘴安装在调和罐底部中心。其中1个喷嘴位于中心垂直向上，其余喷嘴均匀安置在中心喷嘴周围，以一定角度向四周倾斜，见图4-5、图4-6。

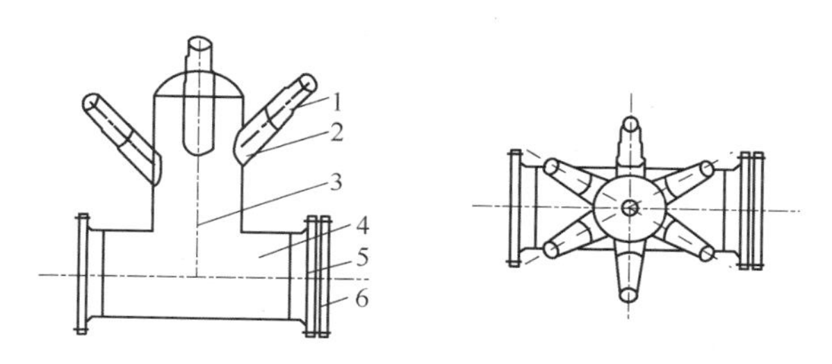

图4-5　多喷嘴结构图

1—喷嘴头；2—导管；3—分配管；4—集油管；5—法兰；6—法兰盖

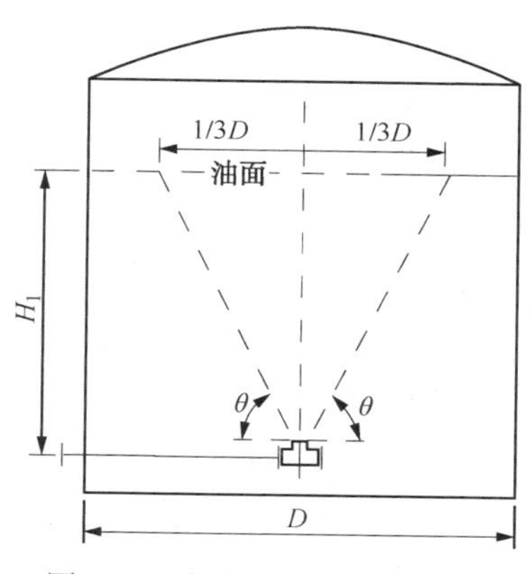

图4-6　多喷嘴搅拌器安装图

多喷嘴仰角 φ 按式(4-6)计算。

$$\tan\varphi = \frac{3H}{D} \tag{4-6}$$

式中　H——油罐进口中心线至油罐最高液位的高度，m；

φ——测向喷嘴仰角，(°)。

喷嘴喷射速度按式(4-7)计算。

$$V = \sqrt{2gH}\csc\varphi \tag{4-7}$$

式中　V——喷嘴出口处流速，m/s；

g——重力加速度，9.81m/s^2。

喷嘴出口直径按式(4-8)计算。

$$d_1 = \sqrt{\frac{\alpha_1 Q}{0.7854\alpha_2 nV}} \tag{4-8}$$

式中　Q——多喷嘴总流量，m^3/s；

α_1——流量系数，0.9~0.95

α_2——摩阻系数，汽油1.05~1.1、煤油1.1~1.15、柴油1.15~1.2、润滑油1.25~1.5；

n——喷嘴数量。

喷嘴长度的计算与单喷嘴相同，导管直径可按分配给每个侧向喷嘴的流量确定。

2. 搅拌器

搅拌器通常用于小批量油品调和及特种油品调和，特别是润滑油调和。搅拌器分为侧向伸入式搅拌器及顶部垂直伸入式搅拌器。

对于侧向伸入式搅拌器，每台调和罐根据油罐大小及油品黏度可设置1~4个搅拌器。搅拌器应集中设置在罐壁1/4圆周范围内，但要考虑进油管位置影响，最低限度减少搅拌时的扰动对进油的干扰。进油管与搅拌器宜有30°夹角，搅拌器轴心线与油罐底中心到搅拌器在罐壁上的中心的连线的夹角约7°~12°，同时还要考虑搅拌器浆叶与罐底或加热器等物件的距离。

顶部垂直伸入式搅拌器由罐顶垂直伸入罐内，一般用于容量较小的调和罐(也称为搅拌釜)，是立体调和设备，搅拌器的叶子有锚(框)式、浆式、叶轮式、组合式等。

搅拌器功率计算是以实践经验及实测数据为依据的，每1000m^{3}油品所需的搅拌器总功率可按油品黏度及搅拌操作方法由图4-7查出。

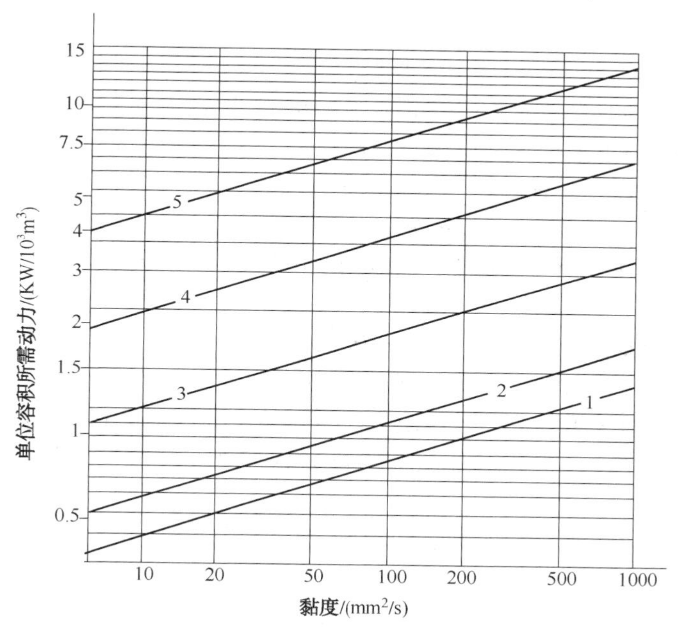

图 4-7　每 1000m³油品所需的搅拌器总功率图

1—两种组分同时进罐，边搅拌边进，装满后再搅拌 2h；2—组分 A 先进罐，组分 B 进罐时启动搅拌，装满后再搅拌 2h；3、4、5—两组分全部进罐后开始搅拌分别于 8h、2h、1h 内达到均匀

第二节　油品调和指标的计算

一、黏度计算

液体石油产品的黏度可以采用现行国家标准《液体石油产品黏度温度计算图》GB/T 8023—1987 给出的通用黏温方程计算：

$$\lg\lg Z = b + m\lg T \tag{4-9}$$

$$Z = \nu + 0.65 + C \tag{4-10}$$

$$C = \exp(-1.214 - 1.74\nu - 0.48\nu^2) \tag{4-11}$$

式中　ν——液体石油产品在 T 度时的运动黏度，mm²/s；

T——温度，K；

b 和 m——常数。

计算时自然对数的底 e 取 2. 71828，常数 b 和 m 可以通过已知的黏温点求出。当液体石油产品的黏度大于 $2mm^2/s$ 时可以采用式(4-12)计算。

$$\lg\lg(\nu+0.65)=b+m\lg T \tag{4-12}$$

式(4-9)和式(4-12)的应用范围为：

Z	ν，mm^2/s
$\nu+0.65$	$2.00\sim2\times10^7$
$\nu+0.65+C$	$0.18\sim2\times10^7$

当两种组分调和时，使其在某一给定温度下达到一定所需的运动黏度，其调和组分油的体积分数按式(4-13)、式(4-14)计算。

在 40℃时的关系式：

$$V_h=\left[\frac{(E-A)(C-D)}{(E-F)(A-C)}+1\right]^{-1} \tag{4-13}$$

在 100℃时的关系式：

$$V_h=\left[\frac{(F-B)(C-D)}{(E-F)(B-D)}+1\right]^{-1} \tag{4-14}$$

式中 V_h——高黏度组分油体积分数；

A——$\lg\lg Z_{B(40)}$；

B——$\lg\lg Z_{B(100)}$；

C——$\lg\lg Z_{L(40)}$；

D——$\lg\lg Z_{L(100)}$；

E——$\lg\lg Z_{H(40)}$；

F——$\lg\lg Z_{H(100)}$。

下标 B 表示混合油，L 表示低黏度组分油，H 表示高黏度组分油，下标(40)表示 40℃，下标(100)表示 100℃。当运动黏度温度点在 40～100℃以外时，式(4-13)、式(4-14)也可以使用，但准确度有所降低。

调和油品的黏度系数可按式(4-15)计算。

$$C_m = V_1 C_1 + V_2 C_2 + \cdots + V_n C_n \qquad (4-15)$$

式中　C_m——调和油黏度系数；

C_n——组分油黏度系数。

V_n——组分油体积百分数。

黏度与黏度系数的关系由表 4-2 查出。

表 4-2　黏度与黏度系数表

黏度/(mm^2/s)	黏度系数	黏度/(mm^2/s)	黏度系数	黏度/(mm^2/s)	黏度系数	黏度/(mm^2/s)	黏度系数
1	-593.00	29	168.58	57	245.97	85	286.34
2	-349.54	30	172.76	58	247.82	86	287.47
3	-236.74	31	176.79	59	249.62	87	288.58
4	-166.70	32	180.66	60	251.34	88	289.68
5	-117.23	33	184.39	61	253.09	89	290.76
6	-79.61	34	187.98	62	254.78	90	291.83
7	-49.59	35	191.41	63	250.44	91	292.89
8	-24.81	36	194.75	64	258.06	92	293.92
9	-3.82	37	197.97	65	259.64	93	294.95
10	14.27	38	201.07	66	261.21	94	295.97
11	30.14	39	204.11	67	262.75	95	296.96
12	44.13	40	207.00	68	264.25	96	297.95
13	56.86	41	209.83	69	265.61	97	298.92
14	68.28	42	212.57	70	267.18	98	299.89
15	78.72	43	215.23	71	208.01	99	300.84
16	87.33	44	217.82	72	270.01	100	301.03
17	97.05	45	220.33	73	271.39	110	309.93
18	105.22	46	222.79	74	272.75	120	317.89
19	112.83	47	225.10	75	274.08	130	325.09
20	119.94	48	227.48	76	275.39	140	331.66
21	126.61	49	229.74	77	276.68	150	337.68
22	132.84	50	231.94	78	277.96	160	343.32
23	138.80	51	234.09	79	279.21	170	348.39
24	144.39	52	236.19	80	280.44	180	353.20
25	149.72	53	238.24	81	281.66	190	357.09
26	154.77	54	240.25	82	282.86	200	361.93
27	159.58	55	242.20	83	284.03		
28	164.21	56	244.41	84	285.20		

二、闪点计算

调和油品闪点的计算分为双组分和多组分两种计算方法。

双组分油闪点按式(4-16)计算：

$$A=\frac{A_1W_1+A_2W_2-C(A_1-A_2)}{100} \tag{4-16}$$

式中 A——调和油闪点,℃；

A_1，A_2——组分油闪点,℃；

W_1，W_2——组分油百分数；

C——常数由表 4-3 查得。

表 4-3　常数 C 值表

高闪点组分/%	C	高闪点组分/%	C	高闪点组分/%	C	高闪点组分/%	C
5	3.3	30	17.0	55	27.6	80	29.2
10	6.5	35	19.4	60	29.0	85	26.0
15	9.2	40	21.7	65	30.0	90	21.0
20	11.9	45	23.9	70	30.3	95	12.0
25	14.5	50	25.9	75	30.4		

多组分油闪点按式(4-17)计算。

$$I=I_1V_1+I_2V_2+\cdots+I_nV_n \tag{4-17}$$

式中 I——调和油闪点指数；

I_n——组分油闪点指数由表 4-4 查得；

V_n——组分油体积百分数。

由式(4-17)求得 I 再查表 4-4，即为调和油闪点。

三、辛烷值计算

调和油的辛烷值可按式(4-18)计算。

$$N=\frac{V_1N_1+V_2N_2+\cdots+V_nN_n}{100} \tag{4-18}$$

表 4-4　闪点指数表

闪点/℃	闪点指数	闪点/℃	闪点指数	闪点/℃	闪点指数	闪点/℃	闪点指数
50	305. 91	77	53. 728	104	12. 494	131	3. 6132
51	285. 10	78	50. 664	105	11. 889	132	3. 4626
52	266. 56	79	47. 808	106	11. 321	133	3. 3166
53	248. 08	80	45. 123	107	10. 776	134	3. 1805
54	231. 64	81	42. 599	108	10. 2775	135	3. 0507
55	216. 27	82	40. 235	109	9. 561	136	2. 9275
56	202. 02	83	80. 009	110	9. 326	137	2. 8087
57	188. 89	84	35. 933	111	8. 890	138	2. 6959
58	176. 28	85	33. 978	112	8. 480	139	2. 5906
59	165. 27	86	32. 1365	113	8. 0854	140	2. 4866
60	154. 67	87	30. 409	114	7. 734	141	2. 3889
61	144. 88	88	29. 458	115	7. 362	142	2. 2951
62	135. 70	89	27. 252	116	7. 0291	143	2. 2050
63	127. 25	90	25. 8134	117	6. 7127	144	2. 1192
64	119. 29	91	24. 4567	118	6. 4121	145	2. 0366
65	112. 52	92	23. 185	119	6. 1249	146	1. 9611
66	105. 51	93	21. 9785	120	5. 8533	147	1. 8841
67	98. 628	94	20. 85	121	5. 5821	148	1. 8115
68	92. 640	95	19. 779	122	5. 3506	149	1. 7426
69	87. 054	96	18. 772	123	5. 1156	150	1. 6773
70	81. 846	97	17. 824	124	4. 89444	151	1. 6140
71	76. 984	98	16. 924	125	4. 6828	152	1. 5535
72	72. 427	99	16. 0767	126	4. 5867	153	1. 4959
73	68. 171	100	15. 276	127	4. 2904	154	1. 4408
74	64. 194	101	14. 86	128	4. 1191	155	1. 3877
75	60. 479	102	13. 80	129	3. 9355	156	1. 3372
76	56. 990	103	13. 134	130	3. 7713	157	1. 2880

续表

闪点/℃	闪点指数	闪点/℃	闪点指数	闪点/℃	闪点指数	闪点/℃	闪点指数
158	1.2413	178	0.61646	198	0.31692	218	0.18272
159	1.1968	179	0.59612	199	0.30757	219	0.17656
160	1.1570	180	0.5769	200	0.29851	220	0.17339
161	1.1125	181	0.55821	201	0.29851	225	0.15117
162	1.07325	182	0.5415	202	0.2898	230	0.13271
163	1.0352	183	0.5228	203	0.28125	235	0.119
164	0.99885	184	0.5065	204	0.27309	240	0.10264
165	0.96405	185	0.49012	205	0.26516	245	0.0931
166	0.93025	186	0.47456	206	0.25751	250	0.080
167	0.89805	187	0.45968	207	0.24958	255	0.073
168	0.86716	188	0.44524	208	0.2430	260	0.063401
169	0.83734	189	0.43147	209	0.2361	265	0.057
170	0.80872	190	0.41802	210	0.22946	270	0.050
171	0.78307	191	0.40436	211	0.22295	275	0.045
172	0.75492	192	0.39205	212	0.21672	280	0.041
173	0.72937	193	0.37998	213	0.21067	285	0.037
174	0.70502	194	0.36992	214	0.20479	290	0.033
175	0.681715	195	0.35876	215	0.19906	295	0.030
176	0.65750	196	0.34741	216	0.19362	300	0.028
177	0.63723	197	0.33664	217	0.18832		

式中　N——成品调和油辛烷值；

N_n——调和组分的调和辛烷值；

V_n——调和组分的体积百分数。

四、凝点计算

调和油的凝点可按式(4-19)计算。

$$C=C_1W_1+C_2W_2+\cdots+C_nW_n \qquad (4-19)$$

式中　C——调和油凝点的调和指数；

C_n——组分油凝点的调和指数；

W_n——组分油质量百分数。

其中 C_n 可由图 4-8 查出。

调和油的恩氏蒸馏 50%馏出温度按式(4-20)计算：

$$t' = t''_1 W_1 + t''_2 W_2 + \cdots + t''_n W_n \qquad (4-20)$$

式中　t'——调和油恩氏蒸馏 50%馏出温度；

t''_n——组分油恩氏蒸馏 50%馏出温度。

由计算出的 C 和 t' 按图 4-8 求得调和油凝点。

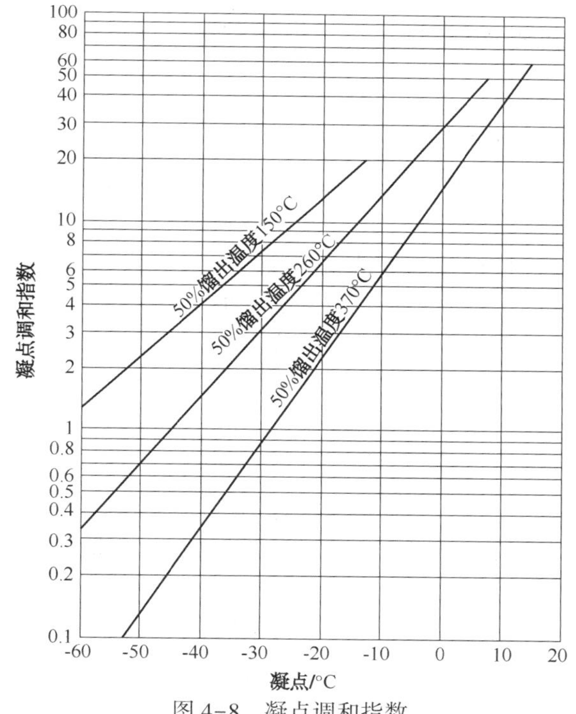

图 4-8　凝点调和指数

五、其他质量指标计算

调和油的胶质、残炭、酸度、相对密度、硫含量、十六烷值、馏程等可按式(4-21)计算。

$$A=\frac{A_1V_1+A_2V_2}{100} \tag{4-21}$$

式中 A——调和油质量指标；

A_1、A_2——组分油质量指标；

V_1、V_2——组分油体积百分数(或质量百分数)。

第三节　油品调和及其添加剂

一、轻质油调和

1. 汽油的调和

汽油调和组分质量控制指标主要是辛烷值或抗爆指数，它表示汽油在汽油机中燃烧时的抗爆性的指标。其调和性能除辛烷值外还包括苯、烯烃、硫含量及调和效应等。

1）汽油调和组分的调和性能。

直馏汽油抗爆性较差，敏感度较小。催化裂化汽油抗爆性较好，宽馏分重整汽油具有良好的抗爆性。烷基化汽油具有较高的辛烷值，但是敏感度小，挥发性和燃烧清洁性好。催化裂化汽油组分、烷基化汽油、重整汽油组分是我国主要调和组分。

2）汽油调和组分辛烷值。

汽油调和组分的辛烷值与装置切割馏分有关，催化裂化汽油组分随馏分加重而辛烷值降低，其中40%以前的各窄馏分辛烷值均高于全馏分辛烷值，宽馏分重整汽油随馏分加重而辛烷值升高。30%以前的各馏分中饱和烃含量高，辛烷值低，40%以后的各馏分中芳烃含量高、辛烷值高。为此可将催化裂化的高辛烷值头部馏分和重整的高辛烷值后部馏分作为汽油的调和组分。这种优化调和可以合理地利用资源获取更大的经济效益。

3）汽油组分的调和效应。

在汽油调和中各调和组分之间的调和效应是以调和辛烷值来

表示的，调和组分在基础组分中所表现的真实辛烷值，就是这个调和组分在该基础组分中的调和辛烷值。同时调和组分的调和辛烷值随调和组分在该基础组分中的加入量不同而不同。

调和组分的调和辛烷值大于调和组分的净辛烷值时为正调和效应，反之为负调和效应。在确定调和组分及掺入量时应尽可能发挥正调和效应，以利提高经济效益。

我国催化裂化汽油是汽油调和的主要调和组分；在直馏汽油中 MON(马达法)调和辛烷值大于净辛烷值，而 RON(研究法)则相反。在重整全馏分和重整重馏分油中 MON 和 RON 均低于净辛烷值。在烷基化油中 MON 调和辛烷值小于净辛烷值，而 RON 调和辛烷值与净辛烷值相差不多。见表 4-5。

表 4-5 催化裂化汽油的调和效应

基础调和组分	催化裂化汽油调入量(体)/%	0	20	40	60	80
	调合辛烷值					
直馏汽油	MON	56.6	82.6	84.6	83.1	80.2
	RON	57.6	82.1	85.4	87.6	87.9
宽馏分重整生成油	MON	86.4		75.4	76.9	77.5
	RON	98.1		83.6	83.9	84.2
轻质重整生成油	MON	68.8	86.3	84.8	81.3	78.8
	RON	72.2	93.7	92.2	89.7	88.2
重质重整生成油	MON	93.2		71.2	75.5	76.7
	RON	104.9		85.7	85.4	85.8
烷基化油	MON	91.7	74.2	74.7	77.4	77.3
	RON	94.0	87.5	88.0	87.5	86.8

4）正丁烷的调和效应：

正丁烷作为汽油的调和组分可提高汽油的蒸气压，使汽油的初馏点及 10%馏出温度降低，从而改善汽车的启动性能，同时也提高汽油的辛烷值。

纯正丁烷的辛烷值 MON 89.6、RON 93.8。正丁烷在各种基础调和组分中有不同的调和效应；在催化裂化汽油和重整汽油中调和效应不佳，调和辛烷值与净辛烷值相差不大；在直馏汽油和重整抽余油中调和效应较好，调和辛烷值 MON 和 RON 均大于净辛烷值(大于 100)。利用正丁烷与重整、催化裂化、抽余油调配可得到 MON 70 号、RON 90 号及 RON 97 号优质汽油。我国正丁烷产量较多，是提高汽油产品质量的重要调和组分。正丁烷的调和效应见表 4-6。

表 4-6　正丁烷在各种汽油组分中的调和辛烷值及辛烷值增值效应

正丁烷掺入量(体)/%		0	2	4	6	8	10
催化裂化汽油	MON	78.2	78.3		78.3	78.6	
	△MON		0.1		0.1	0.4	
	MON 正丁烷调和辛烷值		85		80	83.8	
	RON	86.2	86.2	86.2	86.3	86.4	
	△RON				0.1	0.2	
	RON 正丁烷调和辛烷值		90	87.5	88.0	88.8	
重整抽余油	MON	63.8		65.4	66.2	66.9	
	△MON			1.6	2.4	3.1	
	MON 正丁烷调和辛烷值			105.0	104.0	103.0	
	RON	64.8		66.2	67.3	68.3	
	△RON			1.6	2.7	3.7	
	RON 正丁烷调和辛烷值			105.0	110.0	111.0	
直馏汽油	MON	69.8			70.0	70.7	71.2
	△MON				2.2	2.96	3.4
	MON 正丁烷调和辛烷值				105.0	105.0	102.0
	RON	69.0			71.1	71.9	72
	△RON				2.1	2.9	3.0
	RON 正丁烷调和辛烷值				103.0	105.0	100.0

续表

正丁烷掺入量(体)/%		0	2	4	6	8	10
重整汽油	MON	86.2			86.2	86.2	85.8
	△MON				0	0	-0.4
	MON 正丁烷调和辛烷值				86.2	86.2	82.2
	RON	97.8			97.7	97.6	97.5
	△RON				-0.1	-0.2	-0.3
	RON 正丁烷调和辛烷值				96.9	95.4	95.0

5）MTBE(甲基叔丁基醚)的调和效应：

MTBE 作为汽油调和组分在单组分基础组分中如直馏汽油、催化裂化汽油、宽馏分重整汽油及烷基化汽油均有良好的调和效应，其调和辛烷值 MON 101 及 RON 117 均高于基础调和组分的净辛烷值，特别是在直馏汽油中为 MON 115、RON 133，在烷基化汽油中为 MON 108、RON 130。在催化裂化汽油和重整汽油中其调和抗爆指数为 112 和 113。均高于 MTBE 的净抗爆指数 109。

MTBE 作为汽油调和组分在双组分基础调和组分中，如催化裂化-直馏汽油、催化裂化-烷基化汽油、催化裂化-重整汽油，它的调和辛烷值接近于净辛烷值，而低于在这些单组分基础调和组分中的调和辛烷值，说明 MTBE 在双组分汽油中的调和辛烷值不具有加和性。

MTBE 作为汽油调和组分在三组分基础调和组分中，如直馏汽油-催化裂化汽油-重整馏分油按不同配比和不同的 MTBE 调入量，其调和辛烷值基本相同，其值与 MTBE 本身的净辛烷值不相上下。

MTBE 在汽油调和中作为辛烷值改进剂，可以提高高辛烷值汽油生产能力和调配灵活性，同时具有很好的经济性。MTBE 在组分油中的调和效应见表 4-7～表 4-9。

在三组分调和中，试验考查了 MTBE 对直馏汽油-催化裂化汽油-重整馏分、烷基化汽油-催化裂化汽油-重整馏分调和汽油辛烷值的影响。其中催化裂化汽油和重整馏分的混合比相同，只是第三组分不同，而且只占 10%。结果见表 4-8，表 4-9。MTBE 在这两种三组分汽油中的调和辛烷值大体相等，且与 MTBE 的净辛烷值不相上下。

表 4-7　MTBE 在双组分基础汽油中的调和辛烷值

基础汽油	调和辛烷值	MTBE 加入量(体)/%		
		10	15	20
催化裂化汽油-直馏汽油Ⅰ	MON	99		100
	RON	114		116
	(M+R)/2	107		108
催化裂化汽油-直馏汽油Ⅱ	MON	103	110	111
	RON	120	118	119
	(M+R)/2	112	114	115
催化裂化汽油-烷基化油	MON	100	102	100
	RON	122	115	116
	(M+R)/2	111	109	108
催化裂化汽油-重整生成油	MON	95	97	110
	RON	120	116	117
	(M+R)/2	108	107	109

表 4-8　MTBE 对不同三组分基础汽油辛烷值的影响

基础汽油	调和辛烷值	MTBE 加入量(体)/%			
		0	10	15	20
直馏汽油-催化裂化汽油-重整馏分调和油	MON	80.5	82.3	83.7	84.3
	RON	89.6	92.5	93.9	95.4
	(M+R)/2	85.1	87.4	88.6	89.9
烷基化油-催化裂化汽油-重整馏分调和油	MON	83.4	85.0	86.0	87.0
	RON	93.4	95.4	96.7	97.7
	(M+R)/2	88.4	90.2	91.4	92.4

表 4-9　MTBE 在三组分基础汽油中的调和辛烷值

基础汽油	调和辛烷值	MTBE 加入量(体)/%		
		10	15	20
直馏汽油-催化裂化汽油-重整馏分	MON	99	102	100
	RON	119	118	110
	(M+R)/2	109	110	110
烷基化油-催化裂化汽油-重整馏分	MON	99	101	101
	RON	113	115	115
	(M+R)/2	107	108	100

6）甲醇的调和效应：

甲醇具有易燃烧、抗爆性好、能量转化率高等优点，是汽车较为理想的代用燃料。目前国内外对甲醇汽油的研究均取得一定的进展。甲醇的净辛烷值为 MON 90~92、RON 106~112、调和辛烷值可达 MON 104.5、RON 135.6、净抗爆指数为 98~102。

7）车用乙醇汽油的调和[12]：

乙醇的辛烷值可达到 RON 111，所以向汽油中加入燃料乙醇可大大提高汽油的辛烷值，且乙醇对烷烃类汽油组分(烷基化油、轻石脑油)辛烷值调和效应好于烯烃类汽油组分(催化裂化汽油)和芳烃类汽油组分(催化重整汽油)。

乙醇加入到汽油中会引起汽油的某些性质发生变化，如辛烷值、含氧量、蒸气压、蒸馏特性以及水溶性等。乙醇在 40℃ 时的蒸气压为 18kPa，远低于汽油的蒸气压，但将乙醇添加到汽油中后，乙醇汽油的蒸气压将升高。在加入 5.7%(体积)乙醇时达到最大值，其后随着乙醇加入量的增加乙醇汽油蒸气压有所下降，即使乙醇加入量增加到 15%(体积)时，仍比不加乙醇的汽油高 3kPa 左右。乙醇含量对乙醇汽油蒸气压的影响见图 4-9。

车用乙醇汽油允许的水含量，与温度和乙醇含量有关，温度越低含水量允许值越低，乙醇含量越低含水量允许值也越低。对于 10%(体积)车用乙醇汽油，如果含水 0.27%(体积)，则温度

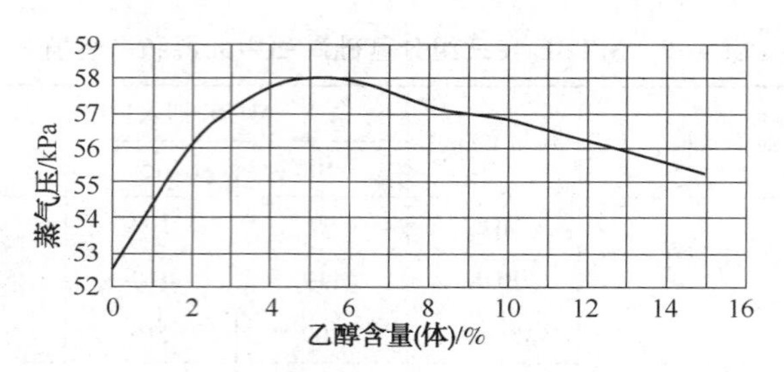

图 4-9　乙醇含量对乙醇汽油蒸气压的影响

降到-20℃就会产生相分离。车用乙醇汽油相分离温度与乙醇含量的关系见图 4-10。

车用乙醇汽油具轻微的腐蚀性，这是由于变性燃料乙醇中存在微量乙酸。但试验表明车用乙醇汽油除对紫铜腐蚀明显外，对其他金属的腐蚀不明显。通常在车用乙醇汽油中加入适量腐蚀抑制剂，以有效抑制对黄铜和紫铜的腐蚀，并改善其他金属的耐腐蚀性。

车用乙醇汽油具有一定的溶解能力，可以使某些种类的橡胶、树脂和塑料产生软化、溶涨的现象。试验证实氯丁胶、顺丁胶、丁腈胶、硅橡胶、氟橡胶、尼龙、聚四氟乙烯以及缩醛树脂的耐油性和抗乙醇汽油的溶涨性较好，氰化丁腈胶、氯化聚醚、丁基橡胶、聚氨酯橡胶和聚氨脂等抗乙醇汽油的溶涨性较差。

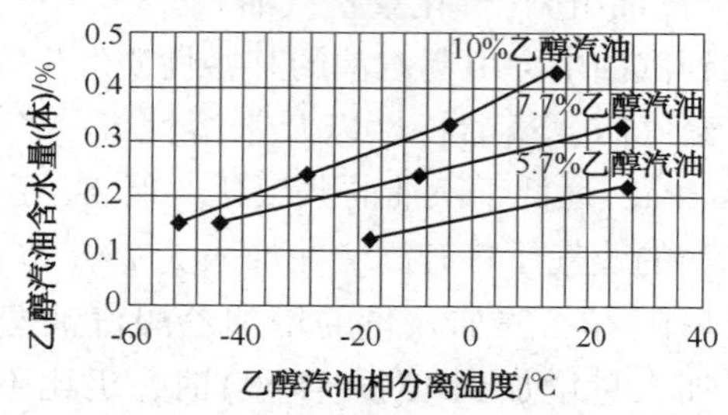

图 4-10　乙醇汽油含水量与相分离温度关系

含有 10%(体积)变性燃料乙醇的车用乙醇汽油与普通汽油相比，其吸水性显著增加。实验表明，如装有车用乙醇汽油的容器无密闭防水措施，48h 后其含水量增加约一倍。因此，为减少乙醇汽油的周转次数、保证质量，乙醇汽油的调和通常是在油库或调和中心进行，且宜采用管道调和工艺进行调和(见图4-11)，不推荐使用调和罐调和方式。

图4-11是推荐的车用乙醇汽油管道调和工艺流程，具体的调和工艺应根据生产操作的实际状况，通过经济分析来决定是采用双泵多鹤管还是采用双泵单鹤管流程，变性燃料乙醇和组分汽油通过一组多段数字式电动流量比值调节阀，通过计算机在线控制以及单组分定量功能实现车用乙醇汽油的在线调和，调和后的成品汽油通过鹤管装入汽车罐车运至加油站，油库或调和中心内不应设置车用乙醇汽油储罐。由于乙醇与汽油的比例在30%以下时互溶性较好。因此，采用管道调和时不需要静态混合器。

在调和的工艺制定中，必须遵守尽量简化过程，减少调和成品周转次数的原则，以利于油品质量的保证。

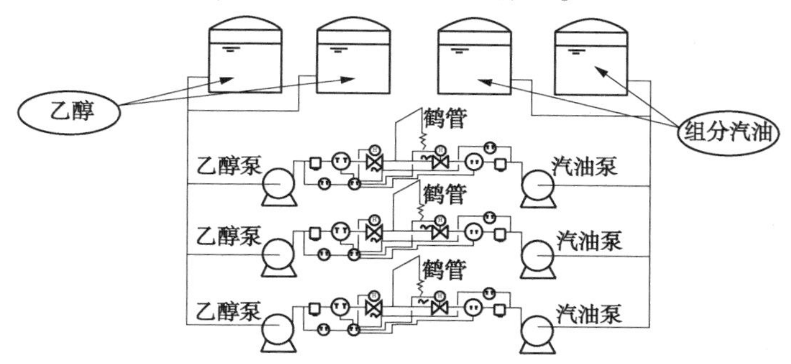

图4-11　车用乙醇汽油管道调和工艺流程示意图

8）车用汽油的优化调和：

车用汽油辛烷值调和的基本计算除了满足辛烷值要求外，还应在满足市场对汽油牌号需求的前提下，使经济效益最大化，两者结合的调和方案才是优化调和方案。车用汽油的优化调和方案通常采用线性规划法求解。

另外在汽油调和或使用中，有时还需要调入抗氧防胶剂和金属钝化剂，用以增强汽油的安定性。调入抗静电剂克服流动摩擦产生的静电。

2. 柴油的调和

柴油调和质量指标主要是十六烷值(或十六烷指数)和凝点。十六烷值是表示柴油在柴油机中燃烧时的自燃性指标，十六烷值越高，其燃烧性能越好。

目前国内柴油组分主要是直馏柴油和催化裂化柴油，其他如热裂化、延迟焦化、加氢裂化等柴油产量较少，所占比例不大。直馏柴油约占柴油组分总量的2/3，其十六烷值(或指数)较高，但凝点也较高，催化裂化柴油约占柴油组分的1/3。其十六烷(或指数)比直馏柴油低，为此催化裂化柴油必须与直馏柴油进行调和，成为成品柴油出厂。我国柴油组分十六烷值及凝点见表4-10。

表4-10 我国柴油组分十六烷值及凝点

原　油	直馏柴油			催化裂化柴油	
	馏分/℃	十六烷指数	凝点/℃	十六烷指数	凝点/℃
大庆	200~320 200~350 230~330	68.5 67.0 67.2	-15 -5 -6	40~42	-12~-5
胜利	180~350 230~350 240~400	56.2 56.5 57.0	-12 -10 -10	32~36	-8~-2
华北	180~330 180~350 240~320	62.2 63.7 62.6	-9 -4 -8	32~36	-8~-2
辽河	180~400 200~350 230~300	53.4 52.0 50.2	-5 -10 -18	28~32	-8~-2

二、重质油调和

重质油品调和主要指重质燃料油调和，如锅炉燃料油、船用燃料油等。重质燃料油调和质量指标是黏度，某些场合还需控制硫含量，一般来说用轻质组分油掺入重油组分中，使其满足黏度、凝点等质量指标要求，同时还要防止船用燃料油中沥青质和油泥凝聚生成沉淀。以保持成品油的安定性和配伍性，掺入的轻油芳烃含量高，与沥青质的亲和力大，不易形成沉淀物，掺入轻油的比例也会影响沉淀物的形成，轻油比例过大会打破沥青质与烃类油之间的平衡关系而产生沉淀物。为此可以用芳烃含量高的二次加工重馏分进行重质油品调和。

重质油品调和通常采用罐内循环调和流程。

三、喷气燃料调和

喷气燃料调和主要是由直馏馏分、加氢裂化和加氢精制等组分及必要的添加剂按照一定比例调和。添加剂一般为抗氧化剂、抗静电剂，根据需要还可以添加腐蚀抑制剂、结冰抑制剂。调和目的是用于航空涡轮发动机的燃料。

添加剂的添加地点可根据生产及用户具体情况选择在装置馏出口、炼油厂产品罐或储油库添加。添加剂的添加方式大多采用管道调和，同时在油罐入口处设置喷嘴，即设置添加剂调和釜，将固体或液体添加剂按照一定比例在调和釜中和喷气燃料一同搅拌稀释均匀，通过计量泵输送至进入罐区的喷气燃料主管道中，与喷气燃料一起混合进入油罐，经喷嘴射在罐内均匀混合。喷气燃料添加剂注入流程示意图见图 4-12 和图 4-13。

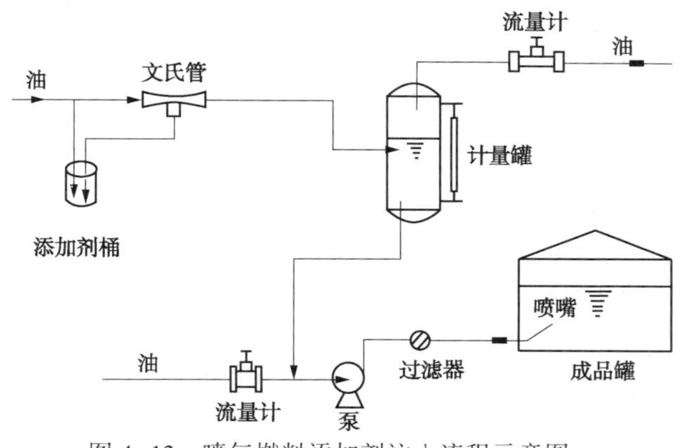

图 4-12　喷气燃料添加剂注入流程示意图一

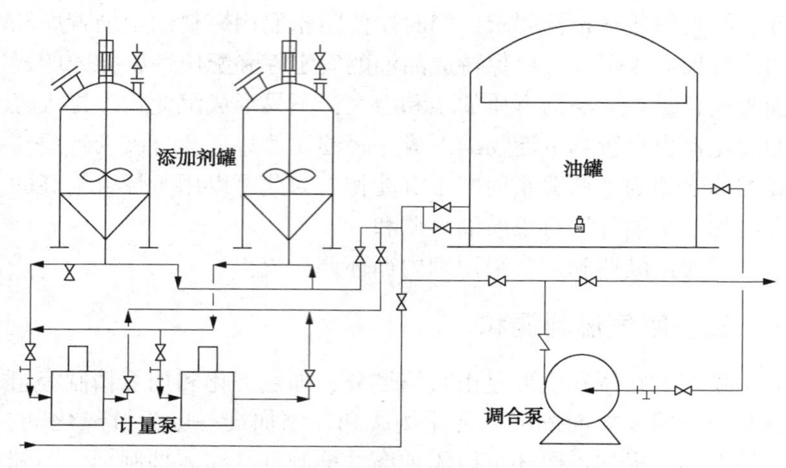

图 4-13　喷气燃料添加剂注入流程示意图二

四、燃料油品调和添加剂

随着内燃机等机械工业的技术进步，燃料油品的使用性能仅靠石油加工技术的进步已不能完全解决问题。为此国内外对汽油、喷气燃料、柴油及重质燃料油等产品，逐渐依靠在油品中加入各种燃料油品用添加剂来解决油品使用性能问题。

1. 保护性添加剂

主要解决燃料储运工程中出现的各种问题。

抗氧化剂：汽油、喷气燃料、柴油等在储运过程中因氧化而生产胶质沉淀，这些胶质可沉积于燃料吸入系统、汽化器、喷嘴等处，影响发动机正常运转。为此需在燃料中加入抗氧化剂。抗氧化剂有酚型和胺型，前者用于烯烃含量低的油品（10%～20%），后者用于烯烃含量高的油品。

金属钝化剂：油品中含有微量铜等金属化合物，可催化油品的氧化反应，使抗氧化剂效力锐减，甚至使氧化诱导期比不加抗氧化剂等更短，为此在加入抗氧化剂的同时还应加入金属钝化剂。

抗磨防腐剂：油品中通常溶有微量水分和空气，使设备、机件腐蚀，锈粒会堵塞燃料滤网、气化器、喷嘴及沉淀于阀座上，破坏发动机运转。因此燃料油中应加入抗磨防腐剂。

防冰剂：在2~10℃以下气候条件下使用防冰剂克服空气中水分在汽化器节流阀滑板区结冰。常用防冰剂为低分子醇类，如甲醇、异丙醇类添加量约0.5%~2%(体积)；乙二醇类添加剂为0.02%~0.2%(体积)。

抗乳化剂：油品中含有水分，许多添加剂会将水分分散于油品中，从而形成浑浊的雾状油品，为此需添加抗乳化剂解决此问题。抗乳化剂为烷基酚类与环乙烷、环氧丙烷聚合物的缩合产物。其添加量为10~20g/100L。

2. 车用汽油专用添加剂

抗爆剂：抗爆剂种类繁多，主要有芳香烃类、甲基叔丁基醚(MTBE)、三乙基丁醚、三戊基甲醚、羰基锰(MMT)、醇类等，其中以MTBE用量最大。被誉为汽车“绿色食品”的无铅汽油，一般是加入了MTBE作为高辛烷值组分。MTBE在汽油中浓度高达15%，因此有学者认为它是汽油的一种基本组分。这种组分沸点较低，可以改善汽油的蒸发性能，可提高汽油燃烧效率、增加辛烷值、减少尾气中一些有害物质的排放，对汽车的启动加速以及减少发动机活塞磨损和耗油量有帮助。MMT同样具有抗爆性，并能增加汽油辛烷值，减少尾气中氮氧化物的排放，而且使用剂量较低，锰的含量最高只有0.018g/L。

抗表面引燃剂：可使用有机磷化合物，如甲苯二苯基磷酸酯和甲基二苯基磷酸酯以避免发动机局部引燃提前点火的现象。

清净分散剂：用于汽化器的清净剂，使汽化器保持干净。可使用丁二酰亚胺或酚胺类化合物以克服沉积物对汽化器运转的影响，减少CO和烃类的排放，有利于节能。加入量为30~430g/1000L。

3. 喷气燃料专用添加剂

抗静电剂：用于消除燃料在流动中产生的静电荷及火花。国内常用抗静电剂为烷基水杨酸铬与甲基丙烯酸酯含氮共聚物复合产物。分为金属抗静电添加剂和非金属抗静电添加剂两类。

防冰剂：见保护性添加剂中的防冰剂。

抗烧蚀剂：用作防止镍基合金火焰筒的烧蚀，早期采用33号添加剂(二硫化碳)，由于长期使用中发现，它对喷气燃料的润滑性、安全性和安定性有不良影响，对环保有较大危害作用，故33号添加剂被取消使用。而喷气燃料产品中保留适量的硫化物能起到对镍铬合金材料的抗烧蚀作用。目前抗烧蚀剂品种很多，可根据产品要求进行添加。

4. 柴油专用添加剂

分散剂：使用丁二酰亚胺等分散沉积物，减少排烟，利于节能。

低温流动改进剂：可改善冬用柴油的低温流动性，同时使柴油馏分加宽而利于增产柴油。

十六烷值改进剂：用以解决柴油爆震问题，改善柴油着火性能。使用中要注意对油品闪点、残炭及对发动机的排烟与燃料消耗的影响。十六烷值改进剂一般为硝基化合物、亚硝基化合物、多硫化物、过氧化物、氧化生成物、金属化合物和杂环化合物等。

5. 重质燃料油专用添加剂

低温流动改进剂：可选用柴油所使用的T1804添加剂。

灰分改性剂：为减少油品中硫、钒、钠等化合物造成炉管腐蚀，可用环烷酸镁添加在重质燃料油中。

6. 多效和复合添加剂

燃料在使用过程中需要满足多种性能的要求，如车用汽油应具有良好的清净、防冰、防腐及进气阀沉积物的控制等性能，柴油也应具有储存稳定、保持喷嘴清洁、排放中颗粒污染物控制等要求。为满足这些性能要求，在汽、柴油燃料中须添加各种添加剂。上述各种添加剂是以单剂形式添加，为了提高添加剂的添加效果，目前国内也发展了多效添加剂和复合添加剂。前者是一种化合物，可表现出多种用途，后者是多种添加剂单剂的复合配方，它们都具有两种以上的作用，以充分发挥燃料的各种性能。

五、润滑油品调和

石油加工工业主要产品为燃料油和润滑油两大类，润滑油品在工农业生产中应用非常广泛，机加工、交通运输、电力系统、农业机械等行业都需要润滑油，而不同使用范围对润滑油性能有不同的要求，为满足不同的要求，就需要调配出各种各样的润滑油品种。调配润滑油除了各种矿物基础油之外，还需要添加各种润滑油添加剂。对特别用途的润滑油还需要生产各种非矿物油的合成油。

润滑油品的主要质量标准是黏度，所以各种润滑油产品都是以黏度来划分牌号。润滑油产品以40℃黏度分牌号，见现行国家标准《石油产品及润滑剂　分类方法和类别的确定》GB 498—2014。

1. 润滑油的基础油

润滑油调配是用各种基础油作为组分油，配以各种润滑油添加剂，在一定温度下，经一定时间充分混合而成的。润滑油调配质量与基础油质量有重要的关系，矿物润滑油的基础油是原油加工而成的产品，不同原油加工的润滑油基础油性能不同，从而调配方案也不同，直接影响调和设施的设计方案。石蜡基原油经加工可获得黏度指数高的优质润滑油组分，环烷基原油经加工可获得低凝点、电气性能好的润滑油组分，中间基原油则介于两者之间。

润滑油的基础油组成为烷烃（开链饱和烃）也称石蜡烃、环烷烃和芳香烃。烷烃碳原子越多，其沸点和凝点越高，烷烃比环烷烃和芳香烃黏度低、凝点高、氧化安定性差，但黏温特性较好；环烷烃比烷烃黏度大、凝点低、氧化安定性较好，特别是少环长侧链的环烷烃还具有石蜡烃的黏温特性好的优点，是较理想的润滑油组分；芳香烃比烷烃和环烷烃黏度大、氧化安定性最好，而凝点介于两者之间，是润滑油的理想组分。

原油中的不饱和烃、氧化合物、硫化合物、氮化合物及胶质和沥青，在原油加工成润滑油基础油的过程中必须去除。

2. 润滑油添加剂

润滑油的调配除了几种基础油组分之外尚需加入各种添加剂，国外发达国家，各种润滑油中添加剂的平均用量总和约为润滑油的十分之一，其中高档润滑油中添加剂的比例更大，如船用汽缸油则达四分之一以上。我国添加剂在润滑油中所占比例也接近国外水平。主要的润滑油添加剂有以下类型。

（1）清净剂：清净剂可阻止含氧酸磺化润滑油，防止发动机金属部件的腐蚀，减少漆膜与积炭的生成。

（2）分散剂：分散剂能有效地阻隔积炭和胶状物相互聚集。

（3）抗氧抗腐剂：抗氧抗腐剂属于过氧化合物分解剂，可以抑制油品的氧化反应，消除金属的催化氧化作用，防止金属表面的腐蚀与磨损。

（4）极压抗磨剂：极压抗磨剂主要是为了防止烧结、擦伤和磨损。实际运用中抗磨剂和极压剂没有很大区别。

（5）油性剂和摩擦改进剂：油性剂和摩擦改进剂两者区别不大，用于降低摩擦系数。

（6）黏度指数改进剂：黏度指数改进剂可改变油品的黏温性能。

（7）防锈剂。

（8）降凝剂。降凝剂只有在含蜡的油品中才起降凝作用。

（9）抗泡剂：抗泡剂的作用是抑制油品泡沫的产生并使泡沫破裂以防止润滑系统产生气阻现象。

3. 润滑油添加剂品种及添加量

润滑油添加剂品种较多，作用也不同，同类添加剂也有多个品种，添加效果也不相同，因此在选择添加剂品种及用量时应根据基础油的性质、添加剂的成分、添加剂作用机理和润滑油成品的质量要求综合分析。

4. 润滑油的调配流程

润滑油调和的工艺流程主要考虑满足产品的质量和数量要求，数量多可以采用 100～300m³ 储罐内调和，或管道调和。数量少或质量高的特种油品可以采用 1～20m³ 小容量调和釜内调和。作为调和车间或大型调和厂一般采用上述各种调和方法的综合工艺流程。对 5000t/a 以下的小型调和厂一般采用调和釜调和工艺流程。润滑油调和釜调和工艺原则流程见图 4-14，润滑油罐式调和工艺原则流程见图 4-15。

润滑油调和工艺还必须满足操作要求。调和操作是将基础油按调和工艺卡片的配比要求定量送入调和设备，调和均匀之后再定量加入各种添加剂。添加剂添加顺序为增黏剂→降凝剂→抗泡剂→其他添加剂或复合剂。加入每类添加剂调和均匀后方能添加另一类添加剂。为此添加剂配制和添加工艺要适应操作要求，设备数量要够，应分类设置添加剂配制槽(罐)。成品储罐作为调和罐，采用侧向机械搅拌器调和方法时添加剂添加管线宜从油罐顶部接入罐内。有些添加剂黏度较大(如清净分散剂)应设置添加剂桶蒸熔室，使添加剂桶升温便于倒入或用泵抽吸入配制槽(罐)。添加剂母液配制一般是用所调和产品的基础油配制，添加剂：基础油大致为 1：3，为此工艺流程及设备要满足卸桶、母液配制的操作。

润滑油调和的关键在于基础油和添加剂质量。基础油质量标准必须尽可能地满足所要调和的成品油的要求。其不足之处可选择适宜性质的添加剂来调配。炼油厂调和车间一般选用本厂的基础油，其质量可以在炼油厂装置能力范围内加以调整以满足所要调配的成品油的要求。对调和厂则应根据产品质量要求去选购基础油和添加剂。

润滑油调和首先调整黏度，一般选用相邻基础油组分来调整黏度，同时应兼顾凝点要求，采用前述黏度和凝点计算公式确定各基础油组分的百分比，调整后的黏度值要留有添加剂加入后的增黏余量。当调整后黏度值或黏度指数低于成品油要求时需加入增黏剂或黏度指数改进剂。通常聚甲基丙烯酸酯具有较高的改善黏度指数效应，适合调配液压油、齿轮油及低黏度多级汽油机油；乙丙共聚物具有较高的增黏能力，同时也具有一定的提高黏度指数效应，适合调配多级柴油机油和较高黏度的汽油机油。聚异丁烯具有较好的剪切稳定性和热氧化安定性，适合调配液压油和多级齿轮油。

黏度调整之后可调整凝点，并加入抗泡剂消除泡沫。

其他添加剂最好稀释后加入，可以分别加入，也可同时混入，但要注意添加剂之间效应降低问题。

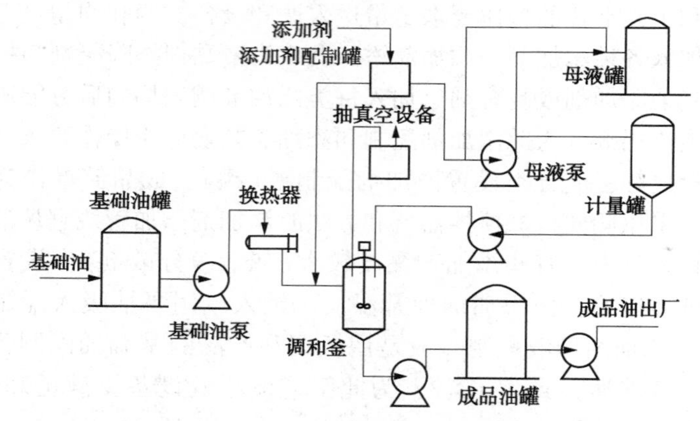

图 4-14　润滑油调和釜调和工艺原则流程图

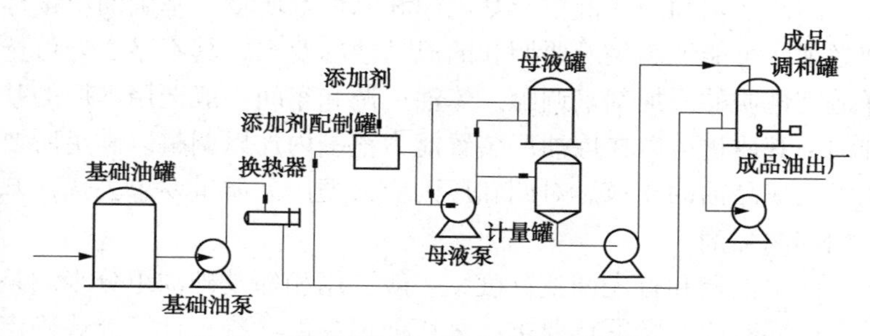

图 4-15　润滑油罐式调和工艺原则流程图

润滑油调和要注意调和温度与时间，不同的成品油要求的调和温度不同，温度过高除了浪费能源之外还会造成添加剂分解或聚合而变性。一般油品调和温度大致为：变压器油 40~50℃、机械油和压缩机油 50~70℃、饱和汽缸油 60~80℃、汽油机油 70℃、柴油机油 70~80℃、过热汽缸油 70~90℃、轧钢机油 89~90℃、齿轮油及车轴油 80~100℃，调和时间的确定以调和罐大小、调和方式及添加剂分散性能综合考虑，时间短各组分油及添加剂分散混合不均匀，时间过长浪费能源，调和效率降低。

润滑油添加剂的计量方法国内外有所不同，国内是以基础组分油为 100%计算，欧美是以基础组分油与添加剂之和为 100%。在选用国外添加剂时标明的添加量应以国外计算方法计算。

第五章　全厂工艺及热力管网

第一节　设计原则

1）工艺管道流程设计应根据项目建设的要求统一规划，并满足项目分期建设、全厂总工艺流程、装置(单元)的正常生产、事故处理和开、停工的要求；在满足全厂生产要求的前提下，尽量简化流程，减少油品的周转。

2）装置之间的进料宜采取直接进料。当直接进料的上下游装置之间不同时检修时，在受料装置停工期间，供料装置生产的原料油应直接进入储运系统储罐；在供料装置停工期间，受料装置的原料油应由储运系统储罐供给。

3）成品油系统工艺管道流程在装置停工检修时，应有措施保证产品的质量，成品油的调和宜采用管道调和工艺，普通成品油的输送可一管多用，但应符合国家现行标准《石油产品包装、贮运及交货验收规则》SH 0164 的规定，对含有添加剂的润滑油，在一管多用时，不得因混油带入油品的添加剂而影响产品的质量。航空油品的组分油和成品油应专管专用。

4）工厂自用燃料油为常减压蒸馏装置的减压渣油时，燃料油应直接由装置供给各用户。常减压蒸馏装置检修期间，由储运系统供应燃料油，减压渣油不能作为自用燃料油时，由储运系统向各用户供应自用燃料油。在不影响加热炉燃烧的情况下，自用燃料油中可调入不能作为商品燃料油组分的各种重质油。在有天然气供应条件下，可用天然气作为工厂自用燃料。

5）轻、重污油系统应分别设置。轻污油宜送回装置回炼，重污油宜作为自用燃料油，在不影响商品燃料油质量时重污油可调入商品燃料油；轻污油中的不合格汽油和不合格柴油宜分别设置管道和储罐，必要时可互相借用；成品油罐区的不合格油，在不影响成品油质量的条件下，可调入成品油中，也可送往污油罐或装置原料罐，催化油浆和延迟焦化暖塔浓缩油需专管送至油品储运系统储罐，其他重污油管道均可共用。

6）除自流管道、气体管道和对流速有特殊要求的管道外，其他管道均可按经济流速确定管径；管道的设计流量需满足全厂总工艺流程和作业要求，管道的设计流速需满足防静电、防水击、控制噪声等要求。

第二节　液体管道的水力计算

一、管径的确定

炼油厂油品储运系统和油库内的油品管道除泵的吸入管道、自流管道和其他对压力降有要求的管道需按工艺要求确定管径外，其余管道都宜按经济流速确定管径。用这种方法确定的管径，在管道投资的偿还期内，每年的操作费用、维修费用和投资偿还费用之和最低，使管道投资达到经济合理的目的。

在工程设计中，通常用推荐流速来初步确定管径，再进行管道压力降计算，并对管径作适当的调整。各种流体的推荐流速见表5-1。

根据表5-1选取流速时，应结合管道的操作条件和作业要求考虑，如管道的长度较短，输送泵的扬程有富余，允许的压力降较大，可取较大流速；相反，对允许的压力降较小的管道，如自流管道、饱和状态液体的泵入口管道，应选用较小的流速。大流量、大口径管道可选用较大流速；小流量、小口径管道应选取较小流速，年操作时数较少的间歇操作管道可取较大流速；连续操作的管道则应取较小流速。

为了防止管道内流速过高引起静电积聚、管道冲蚀、振动、噪声等现象，一般液体流速不宜超过 4m/s；气体在管道末端流速不宜超过 0.2 马赫，特殊管道和紧急泄放管道不宜超过 0.5 马赫，含固体颗粒的流体，其流速不应低于 0.9m/s，也不宜超过 2.5m/s。

表 5-1　流体的推荐流速

输送介质	流速/(m/s)	输送介质	流速/(m/s)
1. 油品		浓硫酸	0.5~1.2
泵出口管道:		碱液	0.5~2
运动黏度/(mm²/s)		液氨	0.5~1.5
1~10	1.0~3.0	3. 可燃气体	
10~30	0.8~2.5	工厂燃料气	8~30
30~75	0.5~2.0	低压煤气	4~6
75~150	0.5~1.5	4. 蒸汽	
150~450	0.5~1.2	高、中压蒸汽(3.5~9.0MPa)	40~52
450~900	0.5~1.0	低压蒸汽(1.0MPa)	30~50
泵吸入管道:		饱和蒸汽	20~40
运动黏度/(mm²/s)		5. 凝结水	
1~10	0.5~2.0	自流凝结水	0.2~0.5
10~30	0.5~1.8	余压凝结水	0.5~1.0
30~75	0.3~1.5	泵送凝结水	1.0~2.0
75~150	0.3~1.2	6. 压缩空气	8.0~15
150~450	0.3~1.0	7. 泵送软化水、除氧水	1.5~3.0
450~900	0.3~0.8	8. 工业及采暖用水	1.0~2.0
2. 化学药剂			

二、单相流体的摩擦阻力计算通用公式

管道的阻力降包括流体在管内流动所产生的沿程摩擦阻力，通过阀门、管件等产生的局部摩擦阻力和克服由管道两端高差所形成的液柱压力。

1. 沿程摩擦阻力[13]

流体通过管道的沿程摩擦阻力，由下列通用公式计算：

$$h = \lambda \frac{L}{d_i} \frac{V^2}{2g} \quad (5-1)$$

式中　h——管道沿程摩阻，m；

L——管道展开长度，m；

d_i——管道内径，m；

V——流速，m/s；

g——重力加速度，9.81m/s^2；

λ——水力摩阻系数。

水力摩阻系数是雷诺数和管壁相对粗糙度的函数，应根据不同流态选择不同的计算公式。

雷诺数

$$Re = \frac{d_i V}{\nu} = \frac{4Q}{\pi d_i \nu} \quad (5-2)$$

式中　Q——介质流量，m^3/s；

ν——流体的运动黏度，m^2/s。

当雷诺数 $Re \leq 2000$ 时，流态为层流，水力摩阻系数按(5-3)计算。

$$\lambda = \frac{64}{Re} \quad (5-3)$$

当雷诺数在 $2000 < Re < 3000$ 时，属于由层流至紊流的过渡流态，流态很不稳定，一般都避免进入这个区域，以免压力不稳定，计算时可取

$$\lambda = \frac{0.16}{\sqrt[4]{Re}} \quad (5-4)$$

当雷诺数 $Re \geq 3000$ 时，水力摩阻系数按科尔布鲁克(Colebrook)混合摩擦管公式(5-5)计算。

$$\frac{1}{\sqrt{\lambda}} = -2\lg\left[\frac{e/d_i}{3.7} + \frac{2.51}{Re\sqrt{\lambda}}\right] \quad (5-5)$$

式中　e——管壁绝对粗糙度，m。

式(5-5)为隐式不便于手工计算，手工计算时可采用哈兰德

(Haaland)混合摩擦管公式(5-6)计算。其计算结果与式(5-5)的相对偏差在±3%以内，平均±1%左右。

$$\frac{1}{\sqrt{\lambda}}=-1.81g\left[\left(\frac{e/d_{i}}{3.7}\right)^{1.11}+\frac{6.8}{Re}\right] \tag{5-6}$$

手工计算时也可采用穆迪(Moody)公式(5-7)计算，穆迪公式同样是适用于整个紊流区的水力摩阻系数计算公式，其为科尔布鲁克(Colebrook)混合摩擦管公式的近似公式。

$$f=0.0055\left[1+\left(20000\frac{e}{d_{i}}+\frac{10^{6}}{Re}\right)^{\frac{1}{3}}\right] \tag{5-7}$$

管子内壁的实际粗糙度各处分布不均且大小不等，工程中使用的是管子内壁绝对粗糙度的平均值。油品储运系统常用的各种管子的粗糙度取值可参照如下：

新无缝钢管	0.04~0.1mm
使用几年后的无缝钢管	0.19~0.20mm
钢板卷管	0.3mm
清洁的无缝铜管、铅管	0.01mm
石棉水泥管	0.3~0.8mm
橡胶软管	0.01~0.03mm

2. *局部摩擦阻力*

流体通过管道时，除了在直管段产生水力摩阻外，在阀门管件等处还产生局部摩阻。在炼油厂和油库中，一般管道线路较短，但管件和阀门较多，因而管道的局部摩阻不可忽视，这种摩阻可用式(5-8)或式(5-9)计算。

$$h_{j}=\lambda\frac{L_{d}}{d_{i}}\cdot\frac{V^{2}}{2g} \tag{5-8}$$

或

$$h_{j}=\xi\frac{V^{2}}{2g} \tag{5-9}$$

式中 L_{d}——阀门或管件的当量长度，m；

ξ——局部摩阻系数。

各种阀门和管件的当量长度和局部摩阻系数都由实验测出，具体数据见表 5-2。

表 5-2 中 ξ_0 和 L_d 都是在 $\lambda_0=0.022$ 的紊流状态下测得的，若实际管道中油流为紊流，且摩阻系数为 λ，则应按式(5-10)换算。

$$\xi=\xi_0\frac{\lambda}{0.022} \tag{5-10}$$

当油流为层流时，ξ 变化很大，按式(5-11)计算。

$$\xi_0=\psi\xi_0 \tag{5-11}$$

式中　ψ——与雷诺数有关的修正系数，由表 5-3 查得。

表 5-2　各种阀门、管件的当量长度和局部摩阻系数

序号	名称	L_d/d_i	ξ_0
1	泵入口	45	1
2	30°冲制弯头，$R=1.5D$	15	0.33
3	45°冲制弯头，$R=1.5D$	19	0.42
4	60°冲制弯头，$R=1.5D$	23	0.5
5	90°冲制弯头，$R=1.5D$	28	0.6
6	$R=2D$，90°弯头	22	0.48
7	$R=3D$，90°弯头	16.5	0.36
8	$R=4D$，90°弯头	14	0.3
9	DN80×100 大小头(由小到大)	1.5	0.03
10	DN100×150，DN150×200，DN200×250 大小头(由小到大)	4	0.08
11	DN100×200，DN150×250，DN200×300 大小头(由小到大)	9	0.19
12	DN100×250，DN150×300 大小头(由小到大)	12	0.27
13	各种尺寸大小头(由大到小)	9	0.19
14	DN20~DN50 全开闸阀	23	0.5
15	DN80 全开闸阀	18	0.4
16	DN100 全开闸阀	9	0.19
17	DN150 全开闸阀	4.5	0.1
18	DN200~DN400 全开闸阀	4	0.08
19	DN15 全开截止阀	740	16
20	DN20 全开截止阀	460	10
21	DN25~DN40 全开截止阀	410	9

续表

序号	名称	L_d/d_i	ξ_0
22	DN50 以上全开截止阀	320	7
23	DN50 全开斜杆截止阀	125	2. 7
24	DN80 全开斜杆截止阀	110	2. 4
25	DNl00 全开斜杆截止阀	100	2. 2
26	DNl50 全开斜杆截止阀	85	1. 86
27	DN200 及 DN200 以上全开斜杆截止阀	75	1. 65
28	各种尺寸全开旋塞	23	0. 5
29	各种尺寸升降式止回阀	340	7. 5
30	DN100 及 DN100 以下旋启式止回阀	70	1. 5
31	DN200 旋启式止回阀	87	1. 9
32	DN300 带滤网底阀	97	2. 1
33	DN100 带滤网底阀	320	7
34	DN150 带滤网底阀	275	6
35	DN200 带滤网底阀	240	5. 2
36	DN250 带滤网底阀	200	4. 4
37	各种尺寸带滤网吸入口	140	3
38	各种尺寸轻油过滤器	77	1. 7
39	各种尺寸黏油过滤器	100	2. 2
40	P 形补偿器	110	2. 4
41	W 形补偿器	97	2. 1
42	波纹补偿器	74	1. 6
43	涡轮流量计 h_j[①] = 2. 5m		
44	椭圆齿轮流量计 h_j = 2. 0m		
45	罗茨式流量计 h_j = 4. 0m		

① h_j 系指液流通过该设备时的摩阻损失。

表 5-3　修正系数 ψ

Re	2800	2600	2400	2200	2000	1800	1600	1400	1200	1000	800	600	400
ψ	1. 98	2. 12	2. 26	2. 48	2. 90	2. 95	3. 04	3. 12	2. 21	3. 31	3. 37	3. 53	3. 81

管道的总局部摩阻应为管道上所有阀门、管件的局部摩阻之和。

$$\sum h_j = \lambda \frac{\sum L_d}{d_i} \cdot \frac{V^2}{2g} \tag{5-12}$$

或

$$\sum h_j = \sum \xi \frac{V^2}{2g} \tag{5-13}$$

三、热油管道的水力计算

由于热油管道中油品温度高于周围环境温度，因此在输送过程中油品温度因向外散热而不断下降，厂际和长输管道油温下降幅度较大，随着油品温度的下降，油品黏度越来越大，管道沿线单位长度的摩阻也在不断变化，而且由于油流向四周环境散热，造成油品的径向温差，引起附加的自然对流运动使摩阻增加，要精确计算整个管路的摩阻损失比较复杂。

因此，在工程上使用等温管道的计算公式进行分段计算热油管道的摩阻[13]，每段的温降以不超过5℃为宜，每段的平均温度按式(5-14)取值。

$$t_p = t_0 + (t_1 - t_2)/\ln \frac{t_1 - t_0}{t_2 - t_0} \tag{5-14}$$

式中 t_p——分段管道中油品的平均温度，℃；

t_0——环境温度，℃；

t_1——分段管道起点的油品温度，℃；

t_2——分段管道终点的油品温度，℃。

简化计算时，也可取：

$$t_p = \frac{1}{3}t_1 + \frac{2}{3}t_2 \tag{5-15}$$

整条管道的摩阻计算采用下列步骤：

（1）在已知起点温度 t_1 的条件下进行热力计算，确定终点温度 t_2；

（2）计算分段管道中油品的平均温度 t_p 及该段管道的摩擦阻力；

(3) 加和各段管道摩阻计算出整条管道总的摩擦阻力。

第三节　气体管道的水力计算

炼油厂、石油化工厂的管道内气体的流动既不是等温过程也不是绝热过程，实际流动状态一般介于等温和绝热状态之间。由于气体的温度都远离深冷温度，为简化计算的复杂程度，通常在工程设计上采用较保守的等温方程式(5-16)、(5-17)计算气体管道的流动阻力。式(5-16)为按入口马赫数计算的公式，式(5-17)为按出口马赫数计算的公式[10]。

$$\frac{\lambda L}{d_{\mathrm{i}}} = \frac{1}{M_{\mathrm{a1}}^2}\left[1 - \left(\frac{p_2}{p_1}\right)^2\right] - \ln\left(\frac{p_1}{p_2}\right)^2 \tag{5 - 16}$$

$$\frac{\lambda L}{d_{\mathrm{i}}} = \frac{1}{M_{\mathrm{a2}}^2}\left[\left(\frac{p_1}{p_2}\right)^2\right]\left[1 - \left(\frac{p_2}{p_1}\right)^2\right] - \ln\left(\frac{p_1}{p_2}\right)^2 \tag{5 - 17}$$

式中　λ——水力摩阻系数；

p_1——管道压力降，kPa；

p_2——管道压力降，kPa；

M_{a1}——管道入口马赫数；

M_{a2}——管道入口马赫数。

$$M_{\mathrm{a1}} = 3.23 \times 10^{-5}\left(\frac{Q_m}{p_1 d_i^2}\right)\left(\frac{ZT}{M}\right)^{0.5} \tag{5 - 18}$$

$$M_{\mathrm{a2}} = 3.23 \times 10^{-5}\left(\frac{Q_m}{p_2 d_i^2}\right)\left(\frac{ZT}{M}\right)^{0.5} \tag{5 - 19}$$

式中　Q_{m}——气体质量流量，kg/h；

Z——气体压缩系数；

T——操作条件下的气体绝对温度，K；

M——气体的相对分子质量。

对于气体管道的水力摩阻系数建议采用穆迪(Moody)公式(5-7)计算。

第四节　油品储运及工厂系统管道

在炼油厂油品储运中，广泛地使用着各种类型的储罐，储存不同性质的液态和气态石油产品。按照这些储罐建造的特点，可分为地上储罐和地下储罐两种类型。地上储罐大多采用钢板焊接而成。由于它的投资较少、建设周期短、日常的维护及管理比较方便，因而炼油厂油品储运中的储罐绝大多数为地上储罐；地下储罐多采用钢板或钢板与钢混凝土两种材料建造，由于整个储罐都建在地下，所以储存介质的温度比较稳定，气体蒸发的损耗较小，但由于这种储罐的投资较高、建设周期长、施工难度大、操作及维护不如地上储罐方便，故只有当工艺条件有特殊要求时才选用。

一、工厂系统管道的布置

1. 管道敷设方式和确定原则[18]

1）管道敷设方式。

管道敷设方式可分为地上敷设和地下敷设两大类。

（1）地上敷设也称架空敷设，根据管道敷设标高的不同又可分为管架敷设和管墩敷设。管架敷设还可以分为通行式和不通行式。

（2）地下敷设管道有直埋敷设和管沟敷设两种。直埋管道应作防腐层，其埋设深度宜使管道在当地最高地下水位以上，管顶距地面不宜小于0.5m，最小应不小于0.3m。管沟敷设有地下式和半地下式两种。

2）确定原则。

（1）地上敷设管道有施工、操作方便，检查、维修容易以及较为经济的特点，所以是炼油厂储运中最主要的管道敷设方式，一般在炼油厂的生产装置区，由于进出生产装置的管道大多数是管架敷设，而且管道集中，数量较多，生产活动又比较频繁，所以工厂系统管道多采用多层通行式管架敷设；在储罐区由于储罐和油泵等都是地面设备，设备上连接管道的嘴子标高较低，而且自储罐至泵进口的管道都是自流管道，所以管道敷设方式多采用管墩敷设或底层为管墩的多层敷设的方式。

(2) 埋地管道的优点是管道埋于地下，地面上空间大，对车和人通行妨碍小，同时管道的支撑也最简单；但是管道在地下受土壤和地下水侵蚀腐蚀较快，又不易检查和维修，管道埋于地下低点排液不便，易凝油品凝固在管中时处理困难等。因此管道应尽量避免埋地敷设。

(3) 管沟敷设的管道由于不和土壤直接接触，管道受腐蚀和检查维修条件也比埋地管道好，可以在管沟内敷设带隔热层的高温管道和易凝介质管道。但是管沟敷设占地多、费用高，与其他埋地管道交叉时有一定困难，另外管沟本身的排水比较困难，且沟内又不易清理，易积聚脏物。所以在炼油厂油品储运中管道也应尽量避免管沟敷设。

2. 工厂系统管廊的布置

炼油厂的外部管道应在全厂的统一规划下做到管道集中布置、走向合理、排列整齐、施工和维修方便。为此应注意下列各点：

(1) 规划外部管道时应与装置(或单元)内的管道作为一个整体考虑，合理确定装置(或单元)的进、出口管道的方位和敷设型式，避免管道迂回、往返，减少管道相互交叉。

(2) 装置(或单元)的进、出口管道应尽量集中，每排或每列装置(或单元)的进、出口管廊方位应一致，使外部管道尽量集中，减少管廊数量，避免外部管廊包围装置(或单元)，影响安全和生产操作。

(3) 确定管廊位置时应尽量使管廊靠近进、出口管道较多的一个或一排装置(或单元)一侧。

(4) 与装置(或单元)无关的工艺、热力管道不应穿过该装置(或单元)。

（5）外部管廊走向与厂内道路平行。

（6）与铁路平行布置的管廊，其最突出部分距铁路轨外侧不应小于3.0m；沿道路敷设的管道，不应敷设在路面和路肩的上方和下面。

（7）厂区内纵横方向的管廊，在标高上应该错开，便于交叉管道通过，也便于管道的连接和调整排列顺序。

（8）外部管廊的平面布置应与水、电、通信、仪表等其他线路统一规划，做到合理布局、减少交叉、避免重合。

（9）分期建设的工程项目，外部管道应一次规划、分期建设。前期设计时，管廊上应预留后期管道的位置。外部管廊应考虑企业今后发展的需要，管廊上应预留30%左右的空位。

3. 管道分层

多层布置的管道按下列原则分层。

（1）大口径管道、高温管道、气体管道宜布置在上层；低温管道、液化烃管道、腐蚀性介质管道宜布置在下层。

（2）分支管道较多的公用工程管道如蒸汽管道、空气管道、燃料气管道、燃料油管道宜布置在上层，油气放空管道一般布置在管架的最高层，其标高应使管道能水平跨越道路和铁路并能连续坡向火炬分液罐。

（3）根据进出装置（或单元）的管道标高决定外部管道布置的层次，自一个装置至另一个装置的管道可布置在上层或与装置内部一致；自罐区至装置或系统泵房的泵吸入管道，应满足泵的抽吸要求，一般布置在最下层管墩上或单独埋地敷设。

（4）装置至罐区或系统泵房至装卸设施或装置的工艺管道可根据管架上其他管道布置情况，布置在任意一层，但应尽量少出现人为的高点和低点。

（5）需要用管架或管墩中间支撑的小直径管道宜布置在下层。

（6）当需要由大口径管道支吊小口径管道时，可根据支撑要求决定有关管道的分层位置。

4. 管道排列

管架上管道应按下列要求排列。

(1) 管道宜布置在靠近所连接装置(或单元)或支线较多的一侧。

(2) 温度较高、口径较大的管道宜在管廊的外侧。

(3) 温度较高的管道宜与低温管道或挥发性介质的管道分开布置。

(4) 管道宜与装置(或单元)进、出口管道的排列结合起来考虑，尽量减少管道交叉。

(5) 大口径管道宜靠近管架柱子布置，小口径管道可布置在管架的中央部位。

(6) 需要中间支撑的小口径管道宜集中布置，以便利用大管支撑或加中间管架。

(7) 管架上的管道布置应使管架受力均衡，避免管架受扭，对T型管架更应注意。

5. 系统管道的布置

1) 沿管墩或管架敷设的管道，管底距地面净空要求

(1) 管墩顶距地面不应小于0.3m。

(2) 管廊下方考虑通行时，底层管道底距地面净空不得小于2.1m；管廊下方不考虑通行时，可为1.6m。

(3) 多层管架的层间距应根据管径大小和管架结构确定，不宜小于1.2m。

2) 管道跨越厂区内铁路、道路的要求：

(1) 管道跨越铁路时，轨面以上的净空高度不应小于5.5m。

(2) 管道跨越厂内道路时，主要道路路面以上净空高度不应小于5.5m，一般道路不应小于5m。

(3) 管架立柱边缘距铁路轨外侧不应小于3.0m，距道路边缘不应小于1m。

3) 系统管道安装的一般要求：

(1) 管道安装设计应符合工艺、热力管道及仪表流程图的要求。

（2）全厂内的系统管道应统筹规划，做到总体合理，避免各分区(图幅)出现矛盾或局部合理、整体不合理的现象。管道通过发展地区或预留地时，更要慎重处理，不得任意通过。

（3）管道布置应整齐有序、横平竖直、集中成排、便于支撑。

（4）管道的布置不应妨碍与其连接设备、机泵的操作和维修，应为设备和机泵的起吊或抽出内部构件留出足够的空间。

（5）管道的布置应注意不影响人、车的通行，不妨碍消防作业。

（6）管道敷设应有坡度并宜与地形一致。管道的变坡点宜在固定点或拐弯处附近。

（7）自流管道和泵的吸入管道的坡度宜与管内介质的流向一致。泵吸入管道的进泵支线允许自干管向上抬起，但其管道标高不应高于储罐出口管道标高。

（8）管道连接方法应尽量采用焊接。法兰连接只用于安装仪表、阀门和与设备嘴子连接的场合以及因清扫、排空、切断、预留续接的需要处。

（9）分期施工、分期投产的工艺管道，宜在预留端加切断阀，并在阀门的开放端加法兰盖，但间断操作或允许短期停止操作的管道也可用法兰和法兰盖。

（10）跨越铁路和道路的管道，在铁路和道路的上方不得装设阀门、法兰、波纹补偿器和螺纹接头的管件。

（11）输送腐蚀性介质管道的法兰应避免处于人员经常通行和操作地点，法兰上应设安全防护罩。

（12）管道的支管宜从主管的固定点附近引出，不宜在主管补偿器附近引出。

（13）蒸汽、燃料气和其他公用工程管道的支管宜从管道顶部引出，在支管靠近主管的水平管段上装设阀门。当装置(或单元)内已装有阀门且离主管不远时，外部管道上可不另设切断阀。

(14) 为防止静电积聚，产生火花引起爆炸和火灾危险，输送油品、可燃气体的管道，在其始端、末端、分支处以及直管段每隔 200~300m 处，都应进行静电接地。

(15) 管架上的阀门应尽量集中布置，并应便于操作和维修。

二、油品储运管道的布置

1. 储罐区管道的布置

(1) 罐区管道安装应满足工艺、热力管道及仪表流程图的要求。

(2) 罐区管道应采用管墩敷设，便于施工、操作、维修和消防。管墩顶应高出设计地面 300mm；尽量避免管架敷设，若必须采用管架敷设时，管底标高与设计地面净空不应小于 2.1m，并注意处理好与防火堤顶面及消防管道之间的高差关系，不应影响消防人员和操作人员在防火堤顶上正常行走。

(3) 进入罐区范围内的管道宜集中布置，罐区范围外的管道宜采用低管廊布置，应使通往各储罐的支管相互交叉最少。

(4) 储罐的进、出料管道应在罐体下部与储罐连接，若进料管必须从罐体上部接入，则甲$_B$、乙、丙$_A$液体宜在罐内向下延伸至距罐底 200mm 处，丙$_B$类液体的进料管应将液体导向罐壁。储罐的主要进、出口管道应采用挠性或弹性连接，以满足地基沉降和抗震要求。

(5) 罐区管道的排列顺序要和罐区外管道协调好，尽量避免管道交叉。若出现交叉时，则应保证自流管道(如泵入口管道)全线顺坡敷设。

(6) 罐区多根管道并排布置时，不保温管道间净距不得小于 50mm，法兰外缘与相邻管道净距离不得小于 30mm，有侧向位移的管道适当加大管间净距离。

(7) 物料总管在进、出界区处应设切断阀，并应在围堰外易接近处集中设置。储罐上经常需要操作的阀门也应相对集中布置。

（8）与储罐接口连接的工艺物料管道上的切断阀应尽量靠近储罐布置。

（9）在罐区围堰外两列管廊成“T”型布置时，宜采用不同标高。

（10）储罐上有不同的辅助装置时（如：固定式喷淋器、惰性气密封层、空气泡沫发生器），与这些装置连接的水管道、惰性气体管道、泡沫混合液管道上的切断阀应设在围堰外。

（11）需喷淋降温的储罐，其上部及周围应设多喷头的环形管，圈数、喷头数量、喷水量及间距等应符合工艺和消防要求。

（12）液化烃储罐气相返回管道不得形成下凹的袋状，以免造成“U”型液封。

（13）当液化烃储罐顶部安全阀出口允许直接排往大气时，排放口应垂直向上，并在排放管低点设置放净口，用管道引至收集槽或安全地点。对于重组分的气体应排入密闭系统或火炬。

（14）固定管墩尽量布置在储罐中心线附近；补偿器应布置在两个罐中心线之间适中的位置。

（15）进出罐区的工艺管道（除液化烃储罐）均应有吹扫措施。每根管道都应由罐区外向罐区吹扫，且管内介质应被吹扫至该管道末端所连接的一个或两个罐内。

扫线介质为水时，可通过罐壁处的进、出油管将管内介质扫入罐内；当扫线介质为气体时，管内介质应从罐顶扫入罐内。

罐顶扫线接合管管径，可参照表5-4规定的数值选用，亦可根据其他有关规定或规范确定。

表5-4　罐顶扫线接合管管径的选用

油品管道公称直径/mm	罐顶扫线接合管公称直径/mm
<150	50
200～350	80
>400	100

（16）罐区管廊适当位置应设置人行过桥，以方便操作人员行走。

（17）罐区管廊应有坡度，其坡度不应小于0.002，使泵入口管道（自流）的末端坡向罐区进、出口处。

罐前支管道应有坡度，其坡度不应小于0.005，其坡向应由罐前坡向管廊。

（18）确定罐前支管道的管墩（架）顶标高时，应考虑到储罐基础下沉的影响，一般应比按坡度计算值减少100mm；若罐基础处地质条件差，结构专业能预计出基础的下沉量时（包括罐建成后试压时一次性下沉量和使用后在一段时间内继续下沉到基本稳定时的下沉量），可按预计的下沉量减少。

（19）储存液化烃的球罐或卧罐放水管上应设置有防冻和防漏措施的密闭切水设施，以保证从罐内放出的水不带液化烃，避免火灾危险事故的发生。

（20）油罐进、出口管道靠近罐壁的第一道阀门应选用钢阀。储罐的进、出物料管道不少于2根时，要在罐根总管上设一个总切断阀（亦是靠近罐壁的第一道阀门），储罐的每根物料进、出口管道上还应设一个操作阀。

（21）设有氮气密封的储罐，可在储存介质性质相同或近似的储罐罐顶设气体连通管，以减少油气损耗和氮气耗量。连通管管径可与罐顶设的呼吸阀或通气管管径相同，亦可小一级，但不应小于40mm。

（22）罐前支管道与主管道的连接，一般情况应采用挠性或弹性连接。地震烈度大于或等于7度、地质松软的情况下，管径大于或等于150mm时，可设置储罐抗震用金属软管，其安装形式见图5-1，金属软管应布置在靠近罐壁的第一道阀门和第二阀门之间。

金属软管的横向补偿量Y值与地震烈度有关，可参照表5-5所列数值（并参见图5-2）。若同时考虑地质条件不良而引起的下沉量，则Y值应考虑为两者的综合值。

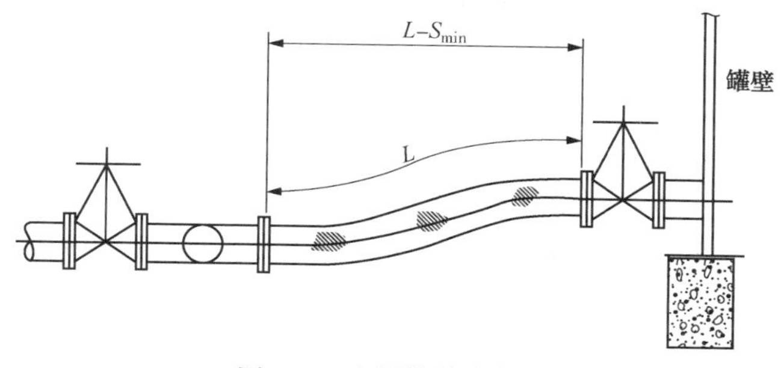

图 5-1　金属软管安装图

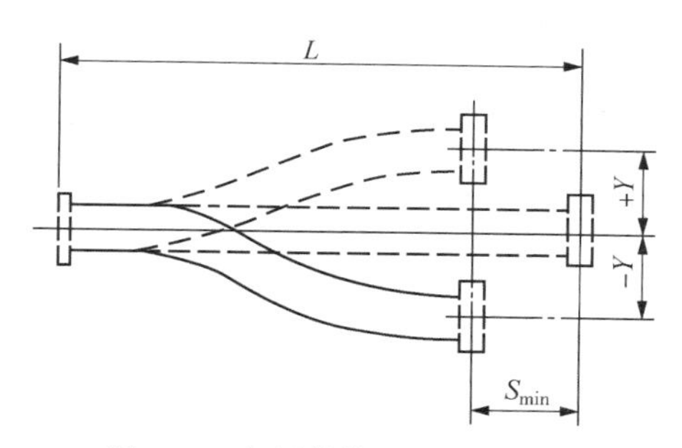

图 5-2　金属软管补偿量示意图

表 5-5　地震烈度与横向补偿量 Y 对照表

地震烈度	横向补偿量 Y/mm	地震条件
7 度区	±100	加速度 $\alpha=(0.1\sim0.4)g$ 地震周期 $T=0.2\sim2s$
8 度区	±200	
9 度区	±400	

金属软管与管道的连接，应采用法兰连接，便于安装、调节和更换。

金属软管的直径不应小于储罐的进、出油接合管的直径，一般可与储罐的进、出油接合管的直径相等；金属软管承受压力应等于或大于 1.0MPa。

管道直径(金属软管直径)与金属软管的长度同横向补偿量

Y、安装距离 S_{min} 的对应数值，应由制造厂家提供。

国家现行标准《石油化工非埋地管道抗震设计通则》SH/T 3039—2003 的表 1 规定所列管道应进行抗震验算。抗震验算可按 SH/T 3039—2003 中“6. 2 抗震验算”的规定进行。

2. 储运系统泵的管道布置

1）为防止流体倒流引起事故，离心泵出口应设止回阀。

2）电动往复泵、螺杆泵等容积式泵的出口管道应设安全阀，当泵自带安全阀时，可不另设。

3）蒸汽往复泵的出口可不设安全阀，但当泵的最高排出压力或失控压力超过泵体、管道和与出口相连的设备所能承受的压力时，应设安全阀。

4）泵进出管道的管径由计算确定，但入口管的直径不得小于泵入口嘴子的直径；离心泵入口处的有效汽蚀余量$(NPSH)_a$不得低于泵必需汽蚀量余量$(NPSH)_r$。

当泵出口管道的直径比泵嘴子大时，泵出口切断阀的直径要比泵嘴子大一级。

当泵入口管道和泵嘴直径不同时，泵入口切断阀的直径可按表 5-6 选用。

表 5-6　泵入口切断阀选用　　mm

泵入口嘴 DN	主管 DN												
	15	20	25	40	50	80	100	150	200	250	300	350	400
	泵入口切断阀 DN												
15	15	20	20	25	40								
20		20	25	25	40								
25			25	40	40	50							
32				40	40	50	80						
40				40	50	50	80						
50					50	80	80	100					
65						80	80	100	150				
80						80	100	100	150	200			
100							100	150	150	200	250		

续表

泵入口嘴DN	主管 DN												
	15	20	25	40	50	80	100	150	200	250	300	350	400
	泵入口切断阀 DN												
125								150	150	200	250	250	
150								150	200	200	250	250	300
200									200	250	250	300	300
250										250	300	300	350
300											300	350	350

5）泵入口过滤器及其选用要求如下：

（1）为保证正常操作和维修，在泵的入口管道上要安装过滤器。容积式泵和输送原油或重质油品泵的入口管道上安装永久性过滤器；输送轻质油品或类似介质泵的入口管道上安装临时过滤器或 Y 型或 T 型过滤器；

（2）过滤器的过滤面积（过滤网孔的有效通过面积）与相连的管道流通面积之比不宜小于 1.5 倍。在输送易凝、黏稠介质时，由于很容易堵塞过滤网孔，其过滤面积可以适当增加；

（3）对于容积式泵，如螺杆泵，由于其装配间隙很小，对输送介质的过滤要求较高。在这种情况下，应结合泵的性能、对介质的要求和确定良好的吸入条件，综合考虑其过滤面积；

（4）过滤网的孔直径一般为 1.5～4mm，当要求介质颗粒极小时，可再减小；

（5）过滤器安装在泵入口嘴子和切断阀之间，要便于安装、清理和检修。

6）输送易凝介质的泵进、出口管道要考虑防凝措施。可设置暖泵线或设固定式扫线接头。用蒸汽或压缩空气扫线时，其扫线介质管道上要设置切断阀、止回阀和检查阀。

7）泵的入口一般应低于储罐的出口。泵进口管道的最高点处和泵出口管道上要设置排气阀。液化烃泵的进、出口管道均应设置放空阀。放空阀出口应接至密闭放空系统。

8）泵的进、出口管道宜采用地上敷设。管道水平安装时，使其以 $i=0.003$ 的坡度坡向主管廊。

9）离心泵进口管道要尽可能缩短，尽量减少拐弯。需要变径时，应选用偏心大小头。

10）泵进、出口管道上的阀门宜将阀杆布置在一条直线上。相邻两个阀门最突出部分的净距不宜小于 120mm。

11）为便于检修，泵进、出口管道距地面的净空不宜小于 200mm。架空管道在通道上空距地面的净空不宜小于 2.2m。

12）泵的进、出口管道应设置支撑，以减少泵嘴子的受力，必要时要进行推力计算。作用于泵嘴子处的力不得超过泵嘴允许承受的力。

13）容积式泵进、出口管道间一般要设跨线。对装有泵超压报警切断系统（如电接点压力表）的泵，为了泵启动运转的安全平稳，仍应设跨线。

第六章 辅助生产系统

第一节 开工油系统

1)炼油厂系统工程设计中，应考虑各工艺装置第一次开工用油(包括开工循环用油)的要求。通常可借用油品储运系统的装车站或码头接卸，借用油品储运系统的储罐储存，尽量减少临时设施。

2)各工艺装置的开工汽油、开工柴油，或开工蜡油可借用系统及装置的不合格油管道或相应的管道进装置；对于装置数量较多的千万吨级炼油厂，也可设置专用的开工汽油和开工柴油管道。

3)开工用油一般情况下不设专用开工用油泵，应尽量满足装置自抽进料，否则可借用不合格油泵或装置原料泵输送。

4)开工用油需退出装置时，应根据油品的性质分别处理：

(1)开工汽油可退入不合格汽油罐；

(2)开工柴油可退入不合格柴油罐；

(3)开工蜡油退入重污油罐或燃料油罐；

(4)常减压蒸馏装置需退出原油时，一般退入原油罐或重污油罐。

(5)重整装置开工退料可退入重整原料油罐或不合格汽油罐；

(6)加氢精制装置的开工用油可退回装置的原料罐。

5)开工用油储存量应根据装置开工用油量确定。

第二节　不合格油及污油系统

一、不合格油系统

1）炼油厂应考虑设置全厂不合格油管道、不合格油罐和不合格油输送泵。

2）各装置、成品油罐区和装车台出现的不合格汽油、煤油和轻柴油，一般均并入全厂各自的不合格油系统。成品油罐区及装油区根据生产具体情况可设不合格油管道，但不应另设不合格油罐。

3）燃料润滑油型炼油厂除应设置全厂不合格油管道、不合格油罐和不合格油输送泵外，全厂还应另设一套润滑油不合格油系统。

4）不合格汽油和不合格柴油储罐及管道的设计，宜使不合格汽油和不合格柴油能分开储存，管道可互相连通。

5）不合格油罐的个数，一般情况下根据装置组成，分炼或混炼的要求确定。不合格汽油及不合格柴油罐宜设1~2个；不合格润滑油罐在不能借用组分罐的前提下可设1~2个，一般宜与成品油罐区统一考虑，合理布置。

6）每个不合格油罐的罐容，应根据装置开工情况及生产情况定。不合格汽油或柴油罐，一般情况下为2000~3000m^3，最大不超过5000m^3；润滑油品可取100~300m^3，最大不超过500m^3。

7）不合格汽油、柴油应尽量利用装置的进料泵自抽进装置回炼。当不能满足自抽要求时，可设置不合格油泵。

8）不合格汽油与不合格柴油均应送回装置回炼。回炼流程可按下列原则确定：

（1）可送加氢精制装置、催化裂化装置或延迟焦化装置回炼；

（2）对于常减压蒸馏装置需根据其生产工艺确定储运系统的回炼流程。

9）成品油罐区出现的不合格油品，应尽量在成品罐区内调和处理、降级使用。各种不合格油品可按下列方法处理：

（1）芳烃和溶剂油可调入汽油中；

（2）专用柴油、低凝柴油可调入轻柴油中；

（3）喷气燃料（未加添加剂）可调入灯用煤油或轻柴油中；

（4）低灰分润滑油可作为其他规格牌号的组分油用；

（5）不可调的不合格润滑油品可送至重污油罐中。

二、污油系统

1）如果炼油厂采用常减压蒸馏装置处理不合格汽油与不合格柴油流程时，则宜设置全厂轻污油系统取代不合格汽油与不合格柴油系统，不合格汽油与不合格柴油等均进入轻污油系统，一般情况下设置2个2000~3000m^3的轻污油储罐，并配备相应的轻污油输送泵。

2）厂内应设置全厂重污油管道、重污油罐和重污油输送泵。

3）各装置停工吹扫的重污油、污水处理回收的污油和延迟焦化甩油等均可并入全厂重污油系统，不得进入热油罐中；铁路罐车清洗设施回收的污油、火炬分液罐的凝结液等轻组分污油，有轻污油系统时应排入轻污油系统，无轻污油系统是可排入重污油系统。

4）重污油罐宜设两个。对于年加工能力为5000~10000kt的炼油厂重污油罐每个罐的容积一般情况下为2000~3000m^3，最大不超过5000m^3。

5）重污油罐一般布置在重油（燃料油）罐区内，有条件时重污油泵可借用燃料油泵。

6）重污油在罐中沉降脱水后调入燃料油中。

7）催化裂化装置的正常性放空油浆与事故放空油浆的温度应尽量控制在95℃以下，当事故与非事故油浆的温度均不高于

95℃时，油浆罐可共用。

8）催化裂化事故放空油浆出装置的温度超过95℃时（但必须控制在200℃以下），宜进入专用的油浆放空罐。

9）催化裂化装置的正常放空油浆管道与事故放空油浆管道分别出装置时，系统如要合并为一根管道，应核算在最小流量下管内流速不得低于0.9m/s。

10）专用的催化裂化事故油浆放空罐，应根据装置最大一次放空量确定罐容。

11）催化裂化装置正常性定期排放的油浆，平时全回炼时，可设一个油浆罐；不回炼时应根据其具体去向可设置2~3个罐。

12）催化裂化油浆罐的容积对于加工能力为1000~3000kt/a的催化裂化装置，一般情况下为1000~2000m^3，最大不超过3000m^3。

13）高于100℃的重油（如燃料油、沥青等）扫线系统，需设专用扫线罐。扫线罐内油品经静置沉降脱水后可调入燃料油中。

第七章　燃料系统

第一节　燃料气系统

一、燃料气系统的设置原则

燃料气系统包括炼油装置自产的净化燃料气、回收利用的可燃性放空气体和外购天然气。系统的设计原则如下：

(1) 厂内应设全厂性燃料气管网，厂内各装置生产的燃料气，当压力高于燃料气管网压力时，应与全厂燃料气管网联网向各用户供气。燃料气管网的操作压力宜控制在0.4~0.6MPa。燃料气管网宜在负荷中心处设稳压措施，稳压措施宜采用补充气化液化石油气或天然气，以保持管网压力；

(2) 燃料气管网补充的气化液化石油气的正常流量一般为总用气量的10%。确定气化器蒸汽(或热水)入口管上的调节阀规格时，气化液化石油气的最大流量应为正常流量的150%，最小流量应为正常流量的50%；

(3) 燃料气管网应设置安全阀和泄压阀，安全阀定压宜为管网最高操作压力的1.1倍，泄压阀的控制压力宜为管网最高操作压力的1.05倍；安全阀的排量可按最大补气量确定，泄压阀的排量宜不小于管网中一个最大用气装置的正常用量；

(4) 燃料气管网应根据工厂平面布置图按每段最大通过量，分段进行管径及压降计算；

(5) 燃料气管网的支管应设隔断阀，其位置应便利操作，可与有关单元协调确定；

(6) 燃料气管网开停工时，应用惰性气体吹赶气体，将管内含氧量下降至规定范围以内，其支线扫向装置内，干线通过放空线扫向火炬；

(7) 燃料气管网应根据燃料气的组成确定是否设置保温或保温伴热；

(8) 当装置产出的燃料气压力低于0.4MPa(表)时，应在装置内充分利用；

(9) 各单元正常生产时排放的可燃气体可进入油气回收设施，经压缩机升压后(含硫量高时需经过脱硫处理)进入全厂燃料气管网；

(10) 当采用厂外天然气作为全厂燃料气的部分气源时，在天然气的入厂总管的管道上应设置计量装置；当入厂天然气的压力高于全厂燃料气管网的操作压力时，尚应设减压设施，减压后的天然气应与厂内的燃料气充分混合。

二、汽化器的计算

1. 汽化器工艺设计的一般要求

(1) 自汽化器排出的气体允许夹带直径小于50μm的液滴。

(2) 蒸汽加热时不考虑气体过热。

(3) 汽化器操作温度应取操作压力下的露点温度。

(4) 立式汽化器中气体的允许速度不宜高于液滴沉降速度的0.8倍。

(5) 在汽化器的设计中应有适当的液体容积作为进料的缓冲，以保证汽化器的稳定操作，同时要考虑到自动控制的需要，液化石油气在汽化器中的停留时间，不宜少于5min。

(6) 在确定汽化器的高度时，除考虑气体空间高度和液体空间高度外，若汽化器装设破沫网时，还应考虑其安装高度，以及加热器的结构尺寸。

(7) 汽化器可采用立式或卧式，在炼油厂中推荐采用立式汽化器。

2. 计算公式

1）汽化器加热面积计算公式见式(7-1)~式(7-6)。

$$A = 2.778 \times 10^{-4} \frac{Q}{K \times \Delta t} \tag{7-1}$$

$$Q = G(h_v - h_l) \tag{7-2}$$

$$h_v = \sum_{i=1}^{n} y_{wi} h_{vi} \tag{7-3}$$

$$h_l = \sum_{i=1}^{n} x_{wi} h_{li} \tag{7-4}$$

$$\Delta t = t_1 - t_2 \tag{7-5}$$

$$\sum_{i=1}^{n} \frac{y_i}{k_i} = 1 \tag{7-6}$$

式中　A——汽化器加热面积，m^2；

Q——汽化器的热负荷，J/h；

Δt——热载体和液化石油气的平均温度差，℃；

K——汽化器总传热系数，$W/(m^2 \cdot K)$［热水 $K=230 \sim 290W/(m^2 \cdot K)$，蒸汽 $K=350 \sim 465W/(m^2 \cdot K)$］；

G——液化石油气气化量，kg/h；

h_v——汽化器操作条件下，气相的焓，J/kg；

h_{vi}——汽化器操作条件下，气相中 i 组分的焓，J/kg；

h_l——汽化器操作条件下，液相液化石油气的焓，J/kg；

h_{li}——汽化器入口处温度下，液相液化石油气中 i 组分的焓，J/kg；

y_{wi}——液化石油气气相混合物中 i 组分的质量百分数；

y_i——液化石油气气相混合物中 i 组分的体积百分数；

x_{wi}——液相液化石油气中 i 组分的质量百分数；

n——介质的组分数；

t_1——热载体的温度，℃；

t_2——汽化器中液化石油气的温度，℃；

k_i——i 组分的相平衡常数。

在计算气相温度时，用试差法计算，假设不同的 t_2 计算 $\sum_{i=1}^{n}\frac{y_i}{k_i}$ 直至满足：

$$\left|1-\sum_{i=1}^{n}\frac{y_i}{k_i}\right|\leqslant 0.01$$

2）汽化器直径计算公式见式(7-7)~式(7-11)。

$$D=3.72\sqrt{\frac{GT}{MPV}} \tag{7-7}$$

或：

$$D=1.29\sqrt{\frac{Q_v T}{PV}}$$

$$M=\sum_{i=1}^{n}M_i y_i \tag{7-8}$$

$$V=0.048\sqrt{\frac{\gamma_L-\gamma_v}{\gamma_v}} \tag{7-9}$$

$$\gamma_L=\sum_{i=1}^{n}\gamma_i x_i \tag{7-10}$$

$$\gamma_v=\frac{M}{22.4}\times\frac{T_0}{T}\times\frac{P}{P_0} \tag{7-11}$$

式中 D——立式汽化器直径，m；

G——汽化器的汽化量，kg/s；

Q_v——汽化器的汽化量，Nm^3/h；

T——汽化器操作压力下气体温度，K；

P——汽化器操作压力(绝)，kPa；

M——气相混合物平均相对分子质量；

M_i——气相混合物中，i 组分相对分子质量；

y_i——气相混合物中 i 组分体积分数；

n——气相混合物的组分数；

V——液滴沉降速度，m/s；

γ_L——操作条件下，气相混合物中所夹带液滴的密度，kg/m^3；

γ_i——进料液相液化石油气中，i组分在操作条件下的密度，kg/m^3；

x_i——进料液相液化石油气中，i组分的体积百分数；

γ_v——操作条件下，气相混合物的密度，kg/m^3；

T_0——标准状况下的温度，K；

P_0——标准状况下的压力(绝)，kPa。

3）汽化器高度计算公式见式(7-12)~式(7-13)。

$$H_v \geqslant 1.5D \tag{7-12}$$

$$L = 76.43\frac{G \times t}{\gamma_L \times D^2} \tag{7-13}$$

或

$$L = 9.48 \times 10^{-4}\frac{Q_v \times M \times t}{\gamma_L \times D^2} \tag{7-14}$$

式中： H_v——气体空间高度，m；

L——液体空间高度，m；

t——液体停留时间，min。

4）加热蒸汽耗量计算公式见式(7-15)。

$$g = \frac{Q}{\Delta h} \tag{7-15}$$

式中 g——蒸汽耗量，kg/h；

Δh——蒸汽热焓与饱和冷凝水热焓之差，J/kg。

三、LPG 汽化工艺流程

燃料气管网在负荷中心处设稳压措施，以保持管网压力。稳压措施采用补充汽化液化石油气时，通常采用立式汽化器或卧式汽化器，其工艺流程见图 7-1。

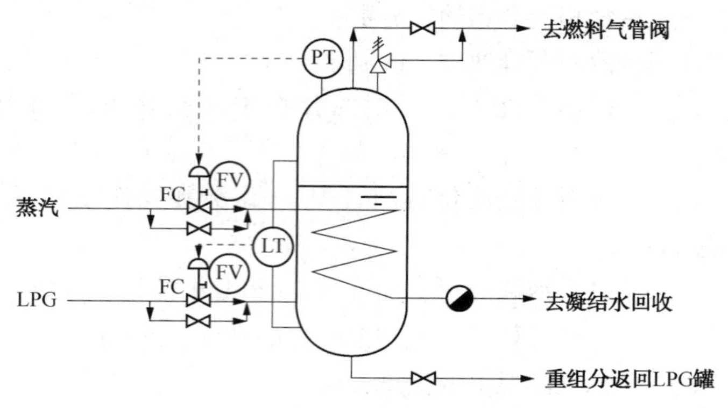

图 7-1　汽化器工艺流程示意图

第二节　自用燃料油系统

1）根据全厂燃料平衡所需要的燃料油量，确定工厂自用燃料油的储存及供应量，同时还要考虑产燃料气的装置停工检修时，以燃料油补充燃料气缺口的需要量。

2）操作温度下的燃料油黏度应满足装置加热炉喷嘴的要求。

3）工厂自用燃料油流程应根据各用户所要求的操作条件，进行技术经济比较后确定。供油方式一般采用枝状供油或分区循环供油，或两种供油方式并用。

4）凡属下列情况者可采用枝状供油，枝状供油时，各用户应自设燃料油循环系统：

（1）各用户布置较为分散；

（2）装置内部产品可直接作为自用燃料油，该装置在正常操作时不需要工厂自用燃料油管网供油，储运系统仅考虑装置开工时所需燃料油；

（3）用户加热炉或锅炉用油压力大于系统供油压力。

5）区域内各用户用油的操作条件相同或相近，布置较为集中时，可采用分区循环供油。分区循环系统的罐及泵，可以设在用油量大的用户内。当储罐及泵设在用户内时，循环供油系统的操作参数应由储运系统与用户协商确定。分区循环供油应符合下列要求：

（1）管网供油流量可按该区各用户总用量的2~3倍计算；

（2）循环管网上应设油压控制阀，其控制压力应满足用户要求；

（3）区域内设2个燃料油罐。当由工厂自用燃料油罐区供油时，储量不少于该区内各用户1天的总用量；当由装置直接供料或成品罐区供料时，储量不少于该区内各用户3天的总用量。

6）在炼油厂中，不推荐采用全厂大循环供油方式。中小型炼油厂或用户较为集中布置时，根据具体情况可考虑全厂大循环供油方式。其燃料油管网供油流量一般不低于各用户总用量的3倍。

7）当成品燃料油规格不符合自用燃料油性质时，储运系统应设置专用的工厂自用燃料油罐，自用燃料油罐的数量不少于2个，总容量不少于3天的用油量。当成品燃料油罐直接向分区或用户供油时可不专设自用燃料油罐，但其容量应包括在成品罐的总容量内，燃料油罐的个数应满足商品及自用燃料油的操作要求。

8）燃料油泵选用原则如下：

（1）枝状供油：可选用离心泵或容积泵，每天供油时间按8h计，一般设2台，1台操作，1台备用；

（2）循环供油：可选用离心泵、齿轮泵和双螺杆泵，应设1台备用泵，并要求能自动切换，泵扬程必须满足装置加热炉喷嘴要求。

9）燃料油管网扫线应符合下列要求：

（1）在燃料油管道上应设固定式扫线接头；

（2）主干线扫向自用燃料油罐或重污油罐或热油扫线罐（应根据油品温度确定），支线均由装置外扫向装置向；

（3）燃料油管网的扫线介质宜采用蒸汽。

第八章　化学药剂系统

第一节　常用化学药剂的物性

一、硫酸(H_2SO_4，相对分子质量98.08)

硫酸为无色、无嗅的透明油状液体，工业硫酸如果含有杂质，则呈黄、棕等色。硫酸是一种活泼的无机酸，具有强腐蚀性和氧化性，能与水以任意比例混合，混合时放出大量的热，遇水能引起爆炸，故与水混合时，应将酸慢慢加入水中。

硫酸有极强的吸水能力，可使纤维素、木质等焦化；几乎能与所有的金属及其氧化物发生反应而生成硫酸盐。75%以下的硫酸，对钢铁有强烈的腐蚀作用。对于皮肤能造成长期不愈的烧伤，故皮肤接触后应立即用水冲洗。

硫酸水溶液的黏度、凝点及相对密度见表8-1~表8-3。

表8-1　硫酸水溶液的黏度　　10^{-3}Pa·s

浓度/%	温　度/℃				
	15	20	30	40	50
70	12.80	9.65	7.90	6.10	4.80
75	18.60	13.90	10.60	8.10	5.90
80	31.30	23.20	15.20	10.70	7.70
85	32.30	23.70	16.10	12.40	8.48
90	31.70	23.10	15.55	11.90	8.45
91	31.60	23.00	15.50	11.75	8.42
92	31.70	23.10	15.55	12.00	8.40
93	31.70	23.10	15.60	12.05	8.40

续表

浓度/%	温　度/℃				
	15	20	30	40	50
94	31.90	23.20	15.70	12.20	8.50
95	32.10	23.40	15.75	12.35	8.71
96	32.60	23.90	16.00	12.50	8.95
97	33.70	24.80	16.50	12.70	9.15
98	34.90	25.80	17.10	12.90	9.40
99	36.10	26.80	17.70	13.60	9.75
100	37.20	27.80	18.30	13.20	9.80

表 8-2　硫酸水溶液的凝点

浓度/%	凝点/℃	浓度/%	凝点/℃	浓度/%	凝点/℃
60	-25.8	82	4.8	93	-35.0
64	-33.0	83	7.0	93.5	-37.8
67	-40.3	84	8.0	94	-30.8
78	-13.6	84.5	8.3	95	-21.8
79	-8.2	85	7.9	96	-13.6
80	-3.0	90	-10.2	97	-6.3
81	1.5	92	-25.6	98	0.1
76	-28.1	86	6.6	99	5.7
77	-19.4	88	0.5	100	10.45

表 8-3　硫酸水溶液的相对密度

浓度/%	温　度/℃								
	0	10	15	20	25	30	40	50	60
50	1.4110	1.4029	1.3980	1.3950	1.3900	1.3872	1.3800	1.3710	1.3644
55	1.4619	1.4535	1.4494	1.4483	1.4432	1.4400	1.4300	1.4234	1.4157
60	1.5160	1.5067	1.5024	1.4983	1.4940	1.4898	1.4826	1.4735	1.4656
65	1.5714	1.5623	1.5578	1.5543	1.5490	1.5456	1.5371	1.5277	1.5195
70	1.6293	1.6198	1.6151	1.6115	1.6059	1.6014	1.5935	1.5850	1.5758
75	1.6888	1.6600	1.6750	1.6700	1.6664	1.6610	1.6523	1.6432	1.6342

续表

浓度/%	温度/℃								
	0	10	15	20	25	30	40	50	60
80	1.7482	1.7376	1.7333	1.7282	1.7231	1.7170	1.7079	1.6971	1.6875
82	1.7700	1.7600	1.7550	1.7500	1.7447	1.7400	1.7287	1.7185	1.7085
84	1.7916	1.7804	1.7748	1.7700	1.7649	1.7600	1.7489	1.7375	1.7274
86	1.8095	1.7985	1.7940	1.7882	1.7828	1.7783	1.7667	1.7562	1.7459
88	1.8243	1.8132	1.8077	1.8025	1.7978	1.7920	1.7819	1.7715	1.7602
90	1.8361	1.8252	1.8198	1.8150	1.8100	1.8038	1.7933	1.7829	1.7729
92	1.8453	1.8346	1.8293	1.8240	1.8188	1.8136	1.8033	1.7932	1.7832
94	1.8520	1.8415		1.8312		1.8210	1.8109	1.8011	1.7914
96	1.8560	1.8457	1.8406	1.8355	1.8305	1.8255	1.8157	1.8060	1.7965
98	1.8567	1.8463	1.8411	1.8365	1.8310	1.8261	1.8163	1.8068	1.7976
100	1.8517	1.8409	1.8357	1.8305	1.8255	1.8205	1.8107	1.8013	1.7922

二、盐酸(HCl)

盐酸为无色透明的液体，一般因含有杂质而呈黄色。氯化氢的水溶液是一种强酸，能与许多金属作用。用特制的内衬橡胶的密封槽车及瓷坛装运，每瓷坛的盐酸净重为25kg、28kg或30kg。

每辆装盐酸的槽车或每批装坛的盐酸都应附有质量证明书。

盐酸的技术条件见表8-4。

表8-4 盐酸的技术条件

指标名称		指标
氯化氢(HCl)含量/%	≥	31.0
铁(Fe)含量/%	≤	0.01
硫酸(换算SO_4)含量/%	≤	0.007
砷(As)含量/%	≤	0.00002

盐酸水溶液的凝点、黏度、比热容、导热系数和相对密度见表8-5~表8-9。

表 8-5　盐酸水溶液的凝点

浓度/%	凝点/℃	浓度/%	凝点/℃	浓度/%	凝点/℃
(7.7)	-10	(28.2)	-60	(50.3)	-17.7
(12)	-20	32.7	-40	(55)	-20
17.4	-40	36.5	-30	57.3	-23.2
21.3	-60	40.3	-24.9	60	-20
24.2	-80	44	-27.5	66	-15.3
24.8	-86	(50.7)	-20		

表 8-6　盐酸水溶液的黏度

10^{-3} Pa · s

浓度/%	温度/℃		
	0	10	20
5	1.84	1.38	1.08
10	1.89	1.45	1.16
15			1.24
20			1.36
30			1.70

表 8-7　盐酸水溶液的比热容

kcal/(kg · ℃)

浓度/%	温度/℃										
	0	10	15	20	25	30	40	50	60	80	100
9.09	0.72	0.72		0.74			0.75		0.78		
16.7	0.61	0.605		0.631			0.645		0.67		
20	0.58	0.675		0.591			0.615		0.638		
25.9	0.55								0.61		
30	0.58	0.59	0.60	0.61	0.62	0.63	0.65	0.67	0.68	0.72	0.75

表 8-8　盐酸水溶液的导热系数

kcal/(m · h · ℃)

浓度/%	温度/℃				
	0	10	20	30	35
10	0.494	0.460	0.420	0.380	0.360
30	0.531	0.495	0.445	0.400	0.378
50	0.557	0.525	0.471	0.421	0.396
70	0.574	0.550	0.490		
90	0.585	0.560	0.510		

表 8-9　盐酸水溶液的相对密度

浓度/%	温度/℃										
	-5	0	10	20	25	30	40	50	60	80	100
1	1.0048	1.0052	1.0048	1.0032	1.0020	1.0006	0.9970	0.9929	0.9881	0.9768	0.9636
2	1.0104	1.0106	1.0100	1.0082	1.0069	1.0055	1.0019	0.9977	0.9930	0.9819	0.9688
4	1.0213	1.0213	1.0202	1.0181	1.0167	1.0152	1.0116	1.0073	1.0026	1.0019	0.9791
6	1.0321	1.0319	1.0303	1.0279	1.0264	1.0248	1.0211	1.0168	1.0121	1.0016	0.9892
8	1.0428	1.0423	1.0403	1.0376	1.0360	1.0343	1.0305	1.0262	1.0215	1.0011	0.9992
10	1.0536	1.0528	1.0504	1.0474	1.0457	1.0439	1.0400	1.0357	1.0310	1.0206	1.0090
12	1.0645	1.0634	1.0607	1.0574	1.0556	1.0537	1.0497	1.0453	1.0406	1.0302	1.0188
14	1.0754	1.0741	1.0711	1.0675	1.0656	1.0636	1.0594	1.0549	1.0502	1.0398	1.0286
16	1.0864	1.0849	1.0815	1.0776	1.0756	1.0735	1.0692	1.0646	1.0598	1.0494	1.0383
18	1.0975	1.0958	1.0920	1.0878	1.0856	1.0834	1.0790	1.0743	1.0694	1.0590	1.0479
20	1.1087	1.1067	1.1025	1.0980	1.0957	1.0934	1.0888	1.0840	1.0790	1.0685	1.0574
22	1.1200	1.1177	1.1131	1.1083	1.1059	1.1034	1.0986	1.0937	1.0886	1.0780	1.0668
24	1.1314	1.1287	1.1238	1.1187	1.1162	1.1135	1.1085	1.1033	1.0982	1.0874	1.0761
26	1.1426	1.1396	1.1344	1.1290	1.1264	1.1236	1.1183	1.1129	1.1076	1.0967	1.0853
28	1.1537	1.1505	1.1449	1.1392	1.1365	1.1336	1.1280	1.1224	1.1169	1.1058	1.0942
30	1.1648	1.1613	1.1553	1.1493	1.1465	1.1435	1.1376	1.1318	1.1260	1.1149	1.1030
32				1.1593							
34				1.1691							
36				1.1789							
38				1.1885							
40				1.1980							

三、氢氧化钠(NaOH)

炼油厂常用的碱为氢氧化钠(NaOH)，俗名烧碱、火碱、苛性钠。氢氧化钠有固体和液体两种(又称烧碱)，固体者为白色结晶，液体者为蓝紫色，有肥皂似的滑腻感，易于吸潮及吸收CO_2；易与水及乙醇等任意混合，混合时强烈放热；溶液呈强碱性，有强腐蚀性；能伤害皮肤及毛纺织品等；当与皮肤接触后，轻者则使表皮软化、肿胀，重者引起溃烂；故与皮肤接触后，应立即用水冲洗之。氢氧化钠水溶液的物性见表 8-10 ~表 8-14。

表 8-10 氢氧化钠水溶液的凝点

浓度/%	凝点/℃	浓度/%	凝点/℃	浓度/%	凝点/℃
5.78	-5.3	26.91	-8.5	51.70	18.0
10.03	-10.3	30.38	1.6	56.44	40.3
14.11	-17.2	32.30	5.4	62.85	57.9
18.17	-25.2	32.97	7.0	66.45	63.2
19.00	-28.0	35.51	13.2	68.49	64.3
19.98	-26.0	38.83	15.6	71.17	63.0
21.10	-25.2	42.28	14.0	74.20	62.0
22.10	-24.0	44.22	10.7	75.83	80.0
23.31	-21.7	45.50	5.0	78.15	110.0
23.97	-19.5	47.30	7.8	81.09	159.0
24.70	-18.0	49.11	10.3	83.87	192.0
25.47	-12.6	50.80	12.3		

表 8-11 氢氧化钠水溶液的黏度 10^{-3}Pa · s

浓度/%	温度/℃							
	20	30	40	50	60	70	80	90
10	1.77	1.45	1.20	0.98	0.81	0.68	0.60	0.53
12	2.10	1.70	1.40	1.15	0.92	0.77	0.67	0.59
14	2.45	1.95	1.60	1.28	1.10	0.87	0.76	0.66
16	2.90	2.30	1.80	1.50	1.20	1.00	0.86	0.74
18	3.50	2.75	2.20	1.70	1.40	1.15	0.97	0.84
20	4.20	3.30	2.55	1.95	1.60	1.30	1.15	0.95
22	5.20	4.10	3.00	2.40	1.80	1.45	1.27	1.10
24	6.40	5.00	3.55	2.70	2.20	1.70	1.45	1.23
26	8.00	6.00	4.25	3.15	2.55	1.95	1.65	1.35
28	10.00	7.30	5.05	3.70	2.90	2.20	1.80	1.55
30	12.50	8.80	6.00	4.20	3.35	2.50	2.10	1.74
32	15.00	11.50	7.10	4.80	3.80	2.85	2.40	1.90
34	18.00	12.80	8.20	5.50	4.30	3.20	2.60	2.15
36	22.50	14.50	9.40	6.25	4.85	3.60	2.90	2.35
38	27.00	17.00	12.00	7.10	5.45	4.00	3.20	2.55
40	32.00	20.00	12.50	8.00	6.05	4.45	3.50	2.75

表 8-12 氢氧化钠水溶液的导热系数

kcal/(m·h·℃)

浓度/%	温度/℃							
	0	10	20	30	40	50	60	70
10	0.510	0.525	0.539	0.552	0.564	0.575	0.585	0.594
20	0.522	0.537	0.551	0.564	0.576	0.587	0.597	0.606
30	0.528	0.543	0.556	0.570	0.582	0.593	0.603	0.612
40			0.557		0.583	0.594	0.604	0.613

表 8-13 氢氧化钠水溶液的比热容 kcal/(kg·℃)

浓度/%	温度/℃							
	0	10	20	30	40	50	60	70
10	0.887	0.895	0.904	0.910	0.914	0.918	0.921	0.924
12	0.875	0.885	0.891	0.897	0.903	0.907	0.910	0.911
14	0.867	0.875	0.881	0.889	0.894	0.899	0.902	0.905
16	0.859	0.867	0.875	0.880	0.886	0.890	0.894	0.896
18	0.852	0.862	0.870	0.875	0.880	0.886	0.890	0.892
20	0.847	0.856	0.865	0.871	0.876	0.881	0.885	0.888
22	0.842	0.852	0.860	0.868	0.872	0.877	0.880	0.883
24		0.847	0.856	0.865	0.870	0.874	0.877	0.879
26		0.841	0.851	0.860	0.867	0.871	0.874	0.875
28		0.839	0.848	0.856	0.864	0.868	0.870	0.872
30		0.835	0.845	0.852	0.860	0.864	0.867	0.869
32		0.831	0.840	0.849	0.855	0.860	0.863	0.866
34		0.826	0.834	0.842	0.848	0.852	0.856	0.858
36		0.822	0.831	0.838	0.842	0.848	0.851	0.851
38		0.819	0.828	0.832	0.836	0.839	0.840	0.841
40		0.815	0.820	0.824	0.828	0.830	0.830	0.831

表 8-14 氢氧化钠水溶液的相对密度

浓度/%	温度/℃							
	0	10	20	30	40	50	60	80
10	1.1171	1.1132	1.1089	1.1043	1.0995	1.0942	1.0889	1.0771
12	1.1399	1.1355	1.1309	1.1261	1.1210	1.1157	1.1101	1.0983
14	1.1624	1.1578	1.1530	1.1480	1.1428	1.1373	1.1316	1.1195

续表

浓度/%	温度/℃							
	0	10	20	30	40	50	60	80
16	1.1849	1.1801	1.1751	1.1699	1.1625	1.1588	1.1531	1.1408
18	1.2073	1.2023	1.1972	1.1978	1.1863	1.1805	1.7446	1.1621
20	1.2296	1.2244	1.2191	1.2136	1.2079	1.2020	1.9660	1.1833
22	1.2519	1.2465	1.2411	1.2354	1.2296	1.2236	1.2174	1.2046
24	1.2741	1.2686	1.2629	1.2571	1.2512	1.2451	1.2388	1.2259
26	1.2963	1.2906	1.2848	1.2789	1.2728	1.2666	1.2503	1.2472
28	1.3182	1.3124	1.3064	1.3002	1.2942	1.2878	1.2814	1.2682
30	1.3400	1.3340	1.3279	1.3217	1.3154	1.3090	1.3025	1.2892
32	1.3614	1.3552	1.3490	1.3427	1.3362	1.3298	1.3232	1.3097
34	1.3823	1.3760	1.3696	1.3632	1.3566	1.3501	1.3434	1.3299
36	1.4030	1.3965	1.3900	1.3835	1.3768	1.3702	1.3636	1.3498
38	1.4234	1.4168	1.4101	1.4035	1.3907	1.3900	1.3832	1.3695
40	1.4435	1.4367	1.4300	1.4232	1.4164	1.4095	1.4027	1.3889

四、液氨(NH_3，相对分子质量17.03)

液氨为无色透明液体，有强烈的刺激性臭味、易挥发、易燃、易溶于水，具有弱碱性。无水液氨及无水气氨对金属设备均无腐蚀性；在有水存在时则具有腐蚀性，特别对于金属铜及铜合金具有较强烈的腐蚀作用。

包装及运输要求：

（1）装液体氨用的槽车和钢瓶应符合耐压3.0~3.5MPa的要求，并附有安全装置和试压证明。在20℃时，允许灌装定额为0.57kg/L。

（2）氧气瓶和氯气瓶不得装液体氨，部分材料为铜的容器也不可装液体氨。

（3）原灌装液体氨的容器，在灌装前必须排尽空气（空气含量须保证小于15%），装过其他气体的钢瓶，必须经过分析鉴定无其他的剩余气体后才能灌装。

(4) 装液体氨的槽车和钢瓶，必须符合中华人民共和国危险货物的运输规则。槽车上应标明“压缩气体”、“氨”、“有毒”及容量(m^3)等字样。

(5) 装液体氨的钢瓶外壁应刷有黄色油漆，并以黑色油漆标明生产厂名称、产品名称及钢瓶毛重。

(6) 每批出厂的液体氨都应附有质量证明书，证明书内容包括：生产厂名称、产品名称、槽车号或批号、出厂日期、产品净重或件数、产品质量符合本标准要求的证明和本标准编号。

(7) 运输过程中必须避免容器受热。附近严禁烟火。钢瓶必须有安全罩，瓶外用橡皮圈或单绳包扎，防止激烈撞击和振动。

氨在饱和状态下的物理性质及氨水溶液的物性见表 8-15~表 8-20。

表 8-15　氨在饱和状态下的物理性质

温度/℃	绝对压力/MPa	比体积/($10^3 m^3/kg$)		比热容/[kcal/(kg·℃)]		黏度/10^{-3}Pa·s	
		液	气	液	气	液	气
-30	0.1219	1.476	965.2	1.09	0.57		
-20	0.1940	1.504	923.5	1.09	0.59		
-10	0.2970	1.534	416.6	1.10	0.62		
0	0.4380	1.567	290.2	1.12	0.65		
10	0.8270	1.601	206.6	1.13	0.69		
20	0.8740	1.639	149.9	1.14	0.73		
30	1.190	1.680	111.01	1.16	0.79	13600	1075
40	1.585	1.730	83.31	1.18	0.85	12480	1115
50	2.073	1.780	62.94	1.20	0.92	11350	1155
60	2.665	1.830	48.27	1.23	1.00	10300	1200
70	3.377	1.910	37.56	1.27	1.10	9220	1245
80	4.230	1.990	29.22	1.32	1.29	8260	1290

表 8-16　氨水溶液的导热系数kcal/(m·h·℃)

浓度/%	温度/℃						
	0	10	20	30	40	50	60
50	0.467	0.474	0.480	0.482	0.482	0.479	0.477
55	0.467	0.474	0.475	0.476	0.476	0.473	0.468
60	0.467	0.470	0.474	0.475	0.472	0.467	0.460
65	0.467	0.468	0.471	0.468	0.465	0.458	0.452
70	0.467	0.469	0.468	0.463	0.459	0.451	0.444
75	0.466	0.465	0.465	0.458	0.454	0.444	0.436
80	0.466	0.464	0.462	0.454	0.448	0.437	0.428
85	0.466	0.462	0.459	0.449	0.442	0.431	0.420
90	0.466	0.461	0.456	0.444	0.437	0.424	0.411
95	0.466	0.459	0.451	0.440	0.431	0.417	0.403
100	0.466	0.458	0.448	0.435	0.425	0.410	0.395

表 8-17　氨水溶液的比热容　kcal/(kg·℃)

浓度/%	温度/℃						
	0	10	20	30	40	50	60
50	1.057	1.060	1.072	1.083	1.097	1.112	1.136
55	1.060	1.066	1.080	1.092	1.108	1.125	1.150
60	1.065	1.075	1.088	1.100	1.120	1.136	1.164
65	1.072	1.080	1.095	1.109	1.126	1.146	1.175
70	1.075	1.086	1.102	1.118	1.135	1.156	1.190
75	1.080	1.095	1.108	1.128	1.145	1.170	1.205
80	1.085	1.100	1.116	1.134	1.155	1.177	1.218
85	1.090	1.110	1.125	1.143	1.166	1.188	1.232
90	1.097	1.118	1.130	1.150	1.175	1.200	1.245
95	1.104	1.120	1.138	1.160	1.185	1.213	1.260
100	1.110	1.125	1.147	1.170	1.196	1.224	1.274

表 8-18 氨水溶液的相对密度

浓度/%	温度/℃										
	-20	-10	0	10	20	30	40	50	60	70	80
50	0. 862	0. 854	0. 846	0. 836	0. 828	0. 817	0. 808	0. 797	0. 788	0. 778	0. 768
55	0. 847	0. 839	0. 828	0. 817	0. 810	0. 798	0. 788	0. 776	0. 766	0. 755	0. 745
60	0. 830	0. 820	0. 810	0. 800	0. 790	0. 779	0. 768	0. 755	0. 745	0. 733	0. 722
65	0. 812	0. 802	0. 792	0. 780	0. 769	0. 758	0. 746	0. 733	0. 720	0. 710	0. 697
70	0. 794	0. 784	0. 772	0. 760	0. 749	0. 737	0. 724	0. 712	0. 699	0. 676	0. 672
75	0. 773	0. 763	0. 750	0. 739	0. 728	0. 713	0. 700	0. 688	0. 673	0. 660	0. 646
80	0. 753	0. 743	0. 728	0. 716	0. 705	0. 691	0. 677	0. 665	0. 650	0. 633	0. 618
85	0. 731	0. 720	0. 707	0. 695	0. 681	0. 668	0. 652	0. 640	0. 623	0. 607	0. 590
90	0. 710	0. 698	0. 685	0. 672	0. 658	0. 644	0. 628	0. 615	0. 597	0. 580	0. 563
95	0. 688	0. 675	0. 660	0. 649	0. 634	0. 620	0. 604	0. 588	0. 570	0. 553	0. 535
100	0. 668	0. 653	0. 638	0. 626	0. 608	0. 593	0. 580	0. 562	0. 544	0. 527	0. 505

表 8-19 氨水溶液的黏度 10^{-3}Pa · s

温度/℃	浓度/%									
	10	20	30	40	50	60	70	80	90	100
10	1. 43	1. 647	1. 695	1. 606	1. 313	0. 912	0. 588	0. 353	0. 235	0. 157
30	0. 862	0. 98	1. 03	0. 931	0. 725	0. 52	0. 362	0. 245	0. 177	0. 137
60	0. 578	0. 617	0. 612	0. 549	0. 441	0. 353	0. 274	0. 196	0. 147	0. 127
70	0. 402	0. 432	0. 441	0. 392	0. 333	0. 255				
90	0. 314	0. 316	0. 316	0. 294	0. 245					

表 8-20 氨水溶液的凝点

浓度/%	凝点/℃	浓度/%	凝点/℃	浓度/%	凝点/℃
8. 75	-10	38. 6	-90	(69. 4)	-80
14. 49	-20	45. 1	-80	78. 83	-90
21. 22	-40	48. 08	-79	80. 05	-92. 5
25. 9	-60	50. 81	-80	82. 87	-90
29. 8	-80	56. 11	-88. 3	94. 45	-80
31. 76	-90	61. 69	-80		
33. 23	-100	65. 28	-78. 2		

第二节　化学药剂的储存、接卸与供料

一、化学药剂系统的设置原则

炼油厂中各用户（包括工艺装置）在生产过程中需用某些化学药剂，作为生产的辅助原料。由于化学药剂品种规格较多，包装方式各有差异，用户的浓度要求及用量多少都不一样，因此，这种辅助用料的供料，应根据用户的数量，化学药剂的包装方式及用量来确定，设计原则如下[1]：

（1）化学药剂由铁路槽车或汽车罐车运输进厂，而企业中需用化学药剂的用户较多，系统应设置化学药剂卸料台，接卸化学药剂并向各用户供料。向各用户供给散装化学药剂宜用管道输送，管网采用枝状布置，间断供料。

（2）本企业生产的化学药剂，可以由生产车间直接送往用户。

（3）一种化学药剂只有一个用户，有条件时，可以由用户自行负责接卸，系统不设化学药剂设施。

（4）各用户需用液碱或硫酸的浓度不一致时，化学药剂设施内可按最高一级浓度供料，各用户应根据工艺条件自行调配需要的浓度。

（5）化学药剂由钢瓶、桶或坛装进厂时，一般在全厂性仓库接卸和存放，各用户根据需要自去领用。数量较少时也可以由各用户自行接卸。

（6）化学药剂设施内储罐的容量，一般可根据生产厂的位置、运输条件确定。当化学药剂为本厂生产或管输进厂时，宜按半个月的用量来确定储罐的总容量；当化学药剂非管输进厂时，应按一个月的用量来确定储罐的总容量。储罐的总容量还应满足用户一次最大使用量及用户停工时的回放量的要求，且应能接纳一次卸车量或卸船量。

二、酸、碱的储存

1）酸、碱的储存温度不宜高于 40 ℃。

2）酸、碱的储存浓度应根据下列原则确定：

（1）满足生产装置（或用户）工艺操作的需要；

（2）有利于酸、碱的储存和输送；

（3）尽量减少储存的酸、碱的浓度规格；

（4）尽量使酸、碱在储存和输送过程中不必采用加热和伴热措施；如果管道需要伴热时应采用电伴热；

（5）在遵守（1）~（4）所述原则前提下，浓硫酸的储存浓度冬季宜为 93%，其他季节宜为 98%。

3）液碱稀释应符合下列规定：

（1）液碱应在储罐或稀释罐中用新鲜水稀释；

（2）液碱稀释后的浓度，一般情况下，可定为 20%，各用户应再按所需浓度自行调配。也可稀释成各用户中用量较大的一种浓度，其他用量较少的低浓度液碱用户可自行调配。

4）酸、碱储罐和液碱稀释罐的安装设计应符合下列规定：

（1）需在冬季储存 98%浓度的浓硫酸储罐，在历年一月份月平均温度的平均值不高于 5℃的地区应设外部加热器，罐壁应保温。储存浓度大于 30%的液碱储罐，在历年一月份月平均温度的平均值不高于 5℃的地区应在罐内设蒸汽加热器。

（2）酸、碱储罐和液碱稀释罐的开口应有透光孔、通气孔、检尺口、人孔、进口、出口和液面计开口。扫线口可设在最后一个酸罐和碱罐上。碱罐还应根据需要设进水口、蒸汽进口和凝结水出口，液碱稀释罐上还应设进水口和压缩空气进口及罐内空气搅拌器，罐壁还可设取样口。

（3）罐顶上不得设踏步，除通气孔应设在罐顶中心附近外，其他各开口均应靠近罐顶梯子、平台布置。

（4）酸、碱储罐和液碱稀释罐上应有梯子、平台、栏杆和液面计支架。两罐之间可设联合梯子平台。

（5）酸、碱储罐和液碱稀释罐可建在便于排水的基础上，也可建在高出地面1~1.5m的横梁式基础上。罐基础高度还必须满足泵的吸入要求或自流进入压送罐的要求。

（6）酸罐出口应设双道阀门。

5）酸、碱罐区的设计应符合下列规定：

（1）酸、碱储罐和液碱稀释罐可布置在同一个罐区（称作酸碱罐区）内。

（2）酸、碱罐区应设围堤，围堤内的有效容积不应小于罐区内最大一个储罐的容积。围堤内的地面应用耐腐蚀材料铺砌。

（3）酸碱罐区应设蒸汽加热接头和新鲜水接头。

6）浓硫酸和液碱储罐的材料可为碳钢，盐酸储罐应采用钢结构加耐盐酸腐蚀的橡胶衬里。

三、酸、碱的接卸与供料

1. 浓硫酸和液碱的接卸[1]

1）接卸铁路罐车可以采用抽吸卸车或加压卸车的方法。

抽吸卸车可以采用真空泵抽吸系统，也可以造成虹吸后采用耐腐蚀离心泵进行卸车。

加压卸车可采用压缩空气（经过脱水罐或氮气）。但管道上必须设减压阀、安全阀及压力表，管网的最高操作压力不得超过铁路罐车的设计压力，以及现有罐车（使用过的旧罐车）标定的使用压力。

卸车操作要有安全措施，尤其是加压卸车；如果没有设置对操作人员的保护措施，则加压用的气体管线上应设一操作总阀，并距卸车台一定的距离，以保证一旦发生酸碱泄漏事故，不危害、损伤操作人员。

2）接卸汽车罐车尽量采用自流卸车的方法。

也就是使汽车罐车的酸或碱液，依靠位差自流到酸槽或碱液槽内，再用泵送或气体压送。当采用气体压送时，槽的设计压力应超过加压气体的最高工作压力。

2. 盐酸的接卸

1）接卸汽车罐车应采用自流卸车的方法。

利用位差先卸至酸槽中，再用耐腐蚀泵转送。

2）铁路罐车可以采用加压卸车的方法，但要注意压缩气体(空气或氮气)的操作压力及运行罐车的标定允许压力。其他可参考浓硫酸和液碱接卸部分的具体要求。

3. 酸、碱供料

1）输送酸、碱宜采用泵输或加压输送方法，并应符合下列规定：

(1）加压输送应采用压缩空气作为加压介质，压送浓硫酸时，压缩空气必须脱水；

(2）泵输必须采用耐酸、碱腐蚀的离心泵。

2）加压输送的设备及其安装设计应符合下列规定：

(1）加压输送的设备应是卧式压力容器(称作压送罐)，其设计压力不得小于压送介质的最高操作压力；

(2）压送罐的容量宜小于用户接收罐的容量；

(3）酸和碱的压送罐应各设1台，并可布置在一起；

(4）压送罐的开口应有人孔、放空口、进口和出口，加压介质入口和液面计口。当出口设在罐顶时，其出口管还应伸入罐内，管口距罐底不应大于150mm；

(5）压送罐应设有梯子、平台，其罐底可不设排放口；

(6）压送罐宜设置在地坑中并应设档雨棚。地坑应有排水措施，其边沿应高出地面0.3～0.4m，其表面应用耐腐蚀材料铺砌；

(7）压送罐的罐顶标高应低于酸、碱储罐和液碱稀释罐的罐底标高；

(8）压送罐上的液面计开口可直接与阀门连接，其他开口不得直接与阀门连接，而应将阀门及加压介质管道上的压力表设置在地坑围堰以外；

(9）压送罐放空口的接管应接至储罐；

（10）在操作阀门附近应设蒸汽加热接头和新鲜水接头。

3）泵输设备及其安装设计应符合下列规定：

（1）酸或碱输送泵应各设一台备用泵；

（2）酸或碱的卸车泵宜与输送泵合并设置，但严禁酸泵与碱泵混用；

（3）泵的吸入管道或排出管道上的高点排气管应引入排水沟；

（4）泵出口管道上应设带隔离包的压力表，泵的电机开关应设置在离泵较远处并应避开泵和阀门的泄漏点；

（5）在泵房内应设固定式扫线接头，扫线介质应为压缩空气和蒸汽；

（6）浓硫酸必须用脱水后的压缩空气扫线，大于30%浓度的液碱可用蒸汽作为扫线介质；

（7）酸、碱泵应设置在泵房内，泵基础周围应设排水沟，泵基础和泵房的地面应用耐腐蚀材料铺砌；

（8）酸、碱泵的填料或机械密封周围、阀门的填料函和法兰连接处的周围均应设置安全防护罩；

（9）泵房内应设置加热蒸汽接头和新鲜水接头。

四、液氨的储存与接卸

1）液氨储罐的数量不得少于2个。

2）常温储存的液氨其储存温度应按50℃考虑。

3）液氨储罐及其安装设计应符合下列规定：

（1）液氨储罐和液氨气化器应采用钢制压力容器；

（2）液氨储罐的单罐容积小于100m^{3}时，宜选用卧式储罐；液氨储罐的单罐容积大于100m^{3}时，宜选用球型储罐；

（3）当对液氨储罐采取隔热措施时，宜设遮阳罩，也可将储罐布置在棚中；

（4）液氨储罐的开口应有人孔、安全阀接合管、液氨进出口、气氨进出口、压力表口、液面计口和排放口。当液氨进出口设于卧式罐的罐顶时，该管还应伸入罐内，管口距罐底不应大于 100mm；

(5) 液氨储罐应设有梯子、平台、栏杆和液面计支架。若多个储罐布置在一起时，可设联合梯子平台，卧式储罐内还应设斜梯；

(6) 液氨罐区应设围堤，围堤的高度不宜高于 0.6 m(以围堤内的地面计)，围堤内的有效容量不应小于罐区内一个最大液氨储罐容量的 25%。液氨储罐的外壁与围堤内堤脚线之间的距离不应小于 2 m。围堤内应有排水沟，排水沟应设格栅和排水阀门。围堤内的地面应坡向排水沟，坡度不应小于 0.3%。

4) 液氨卸车(包括铁路罐车及汽罐车)通常采用气氨加压卸车的方法。首选的加压方法是在罐区设置汽化器。

五、化学药剂设施的选材

1. 硫酸

硫酸是一种强电解质，金属在酸液中的腐蚀有时认为是一个电化学过程，为达到电量的平衡，两极的反应速率应相等，这样当其中某一反应的进行受到抑制时，金属的腐蚀过程也就减缓。当硫酸的浓度高于 70%时，介质呈氧化性，使钝化型金属表面形成一层致密的氧化膜，以阻止基体金属进一步溶解，即降低了金属的腐蚀速率。反之，低浓度的酸液没有上述的致钝作用，此时，电化学过程的控制步骤是阴极的析氢反应。金属的电极电位越低，析氢反应的速率越大，金属腐蚀也就越严重。

碳钢在不同浓度下的腐蚀率以及与温度的关系见图 8-1。

当硫酸浓度在 98%以下时，随着硫酸浓度的降低碳钢腐蚀速率增加，通常认为 77%的硫酸浓度是常温储存在无腐蚀防护的碳钢罐中的较低浓度限值。硫酸的储存温度应低于 40℃，硫酸罐外壁应涂白色涂料或设置绝热层避免阳光照射升温引起储罐的不均匀腐蚀。

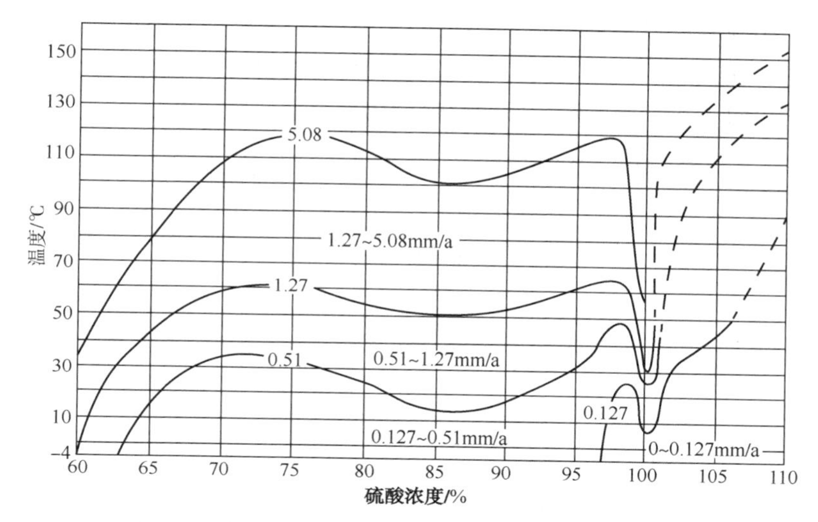

图 8-1　碳钢在硫酸中的腐蚀率与浓度、温度关系曲线

在常温下化学药剂设施内通常常温储存 98%的浓硫酸，碳钢储罐的腐蚀裕量不小于 4mm。

2. 氢氧化钠

工程中常见的碱的腐蚀形态为全面腐蚀和应力腐蚀(碱脆)

一般来说普通铸铁和碳钢在 80℃以下的稀碱液(<50%)中有较好的耐蚀性，但当温度超过 48℃时随温度增高腐蚀性应力腐蚀脆裂发生并增强。在高温浓碱或熔融碱中腐蚀率较高。

普通铸铁和碳钢在碱液中会形成一层以 Fe_3O_4 或 Fe_2O_3 为主要成分的表面膜。同时由于晶界上有碳化物和氮化物析出，使晶界上的表面膜不稳定、较易溶解，在外应力的作用下，产生了膜的晶界裂纹，使新暴露出来的铁产生 FeO_2 的选择性溶解，形成应力腐蚀，叫做碱脆。一般碳钢和不锈钢在 5%浓度以上的碱液中都可以产生碱脆，碳钢发生碱脆与碱液浓度和温度的关系见图 8-2，不锈钢 304、316L 发生碱脆与碱液浓度和温度的关系见图 8-3。对于化学药剂设施，通常以 30%左右的浓度液碱进站台卸车(铁路罐车或汽车罐车)，输送至储罐，因此常温下储运系统采用碳钢材料是完全符合要求的。至于固碱溶化系统中的溶化槽，往往由于初始及其后期碱液的温度与浓度超过使用碳钢材料的界限，所采用不锈钢的溶化槽较为适宜。

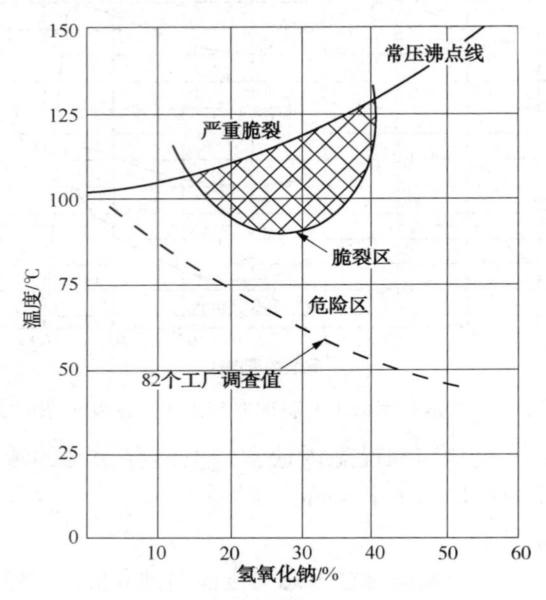

图 8-2　碳钢发生碱脆与碱液浓度和温度的关系

3. 盐酸

盐酸的还原性很强，许多常用的钝化型金属，如铝、工业纯钛、不锈钢等，在盐酸中很难钝化，因而处理盐酸的主要设备多用非金属材料。

由此可见碳钢和普通铸铁在盐酸中不耐蚀。高硅铸铁仅在室温稀盐酸中才具有较好的耐蚀性。含钼的高硅铸铁可在室温下各种浓度的盐酸中使用。

盐酸设备的材料选用范围如图 8-4 所示。

一般情况下，炼油厂中化学药剂设施及锅炉水房处理接卸盐酸浓度为 31%，选用钢结构橡胶衬里的储罐。

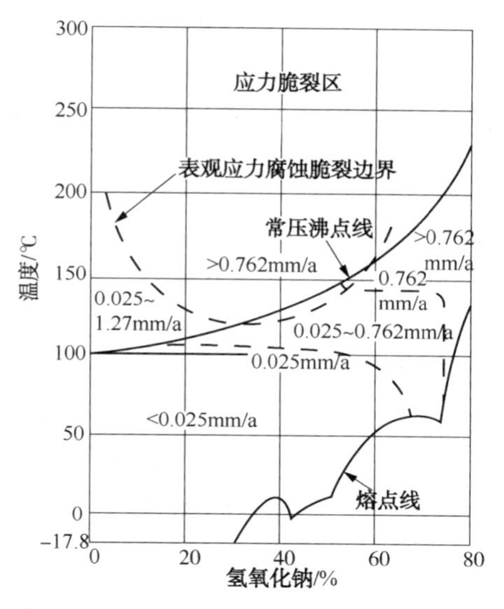

图 8-3　不锈钢 304、316L 发生碱脆与碱液浓度和温度的关系

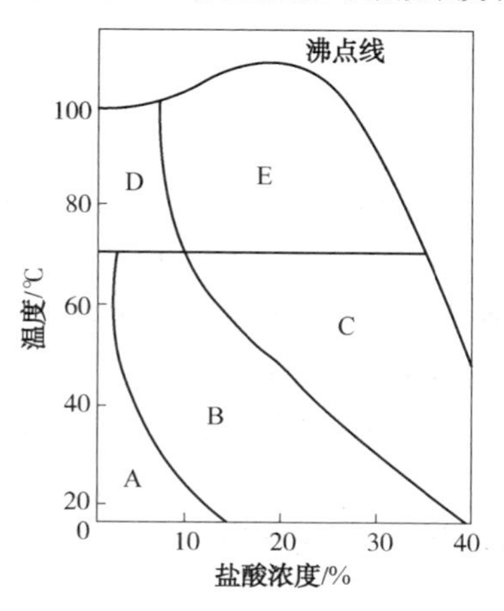

图 8-4　盐酸选材图(腐蚀率<0.5mm/a)

A—Hastelloy B，含钼高硅铸铁，硅青铜，铜，镍，Monel，钛(室温、<10%)；B—Hastelloy B，硅青铜；C—Hastelloy B(无氯)，含钼高硅铸铁(无 $FeCl_3$)；D—Hastelloy B，Monel(<0.5%)，含钼高硅铸铁(无 $FeCl_3$)；E—Hastelloy B(无氯)。

注：镍、铜及其合金在盐酸中无空气时用。

第九章　安全放空系统

火炬是保证全厂安全生产、减少环境污染的必要设施。处理的方法是设法将可燃或可燃有毒气体转成不可燃的惰性气体，将有害、有臭、有毒物质转化成为无害、无臭、无毒物质然后排空。低热值大于 7880kJ/Nm^3 的气体可以自行燃烧，热值介于 4200 ~7880 kJ/Nm^{3}的气体[10]，在排入火炬系统前应进行热值调整以达到能够自行燃烧的目的。对于低热值小于 4200kJ/Nm^3 的气体和燃烧过程中吸热的气体，当气体流量较大时通常采用在火炬头处喷射高热值燃料气助燃的方法进行处理，用于助燃的燃料气低热值应该不低于 11820kJ/Nm^3[10]；当气体流量较小时，通常采用向排放气体中混入高热值气体以达到自行燃烧，也可以采用热焚化炉进行处理。

火炬系统由火炬气排放管网和火炬装置(简称火炬)组成。火炬按其结构形式分为高架火炬和地面火炬两类，炼油厂通常使用高架火炬，地面火炬通常用来处理毒性较低的可燃气体。一般来说，各生产装置和生产单元的火炬支管汇入火炬气总管，通过总管将火炬气送到火炬。火炬有全厂公用和单个生产装置或储运设施独用两种，火炬的主要作用为：

（1）安全输送和燃烧处理装置正常生产情况下排放出的易燃易爆气体，如生产中产生的可能直接排往火炬系统的部分可燃气，连通火炬气管网的切断阀和安全阀不严密而泄漏到火炬排放管网的气体物料；

（2）处理装置试车、开车、停车时产生的易燃易爆气体；

（3）处理装置紧急事故时排放的可燃气体。

尽管人们对火炬烧掉可燃气体感到可惜，希望将这些气体加以利用，消灭火炬，但由于火炬气体排放量变化很大，几乎为

0 ~1000t/h，气体组成变化也很大，很难将这些气体全部回收利用。

第一节　安全放空系统的设计原则

一、安全放空系统最大排放量的确定

1）在确定安全放空系统最大排放量时，通常不考虑不可抗力引起事故对排放系统排放量的影响。

2）炼油厂在生产过程中可能会发生停电、停水、公用工程供应中断以及火灾等事故。在确定安全放空系统最大排放量时，不考虑2种及2种以上事故同时发生的可能性。但在每一种事故工况下可能会发生局部的其他次生事故，因此在确定每一种事故排放量时应该考虑连带发生局部次生事故造成排放量的增加。

3）当装置采用自动控制联锁减排系统时，应该至少考虑一个最大排放量联锁失效对排放系统排放能力的影响。

4）同一事故引起全厂或几个装置排放时，应对各装置的排放“流量-时间曲线”进行叠加，取最大值为该事故时的最大排放量。无排放流量-时间曲线时，则按照如下叠加原则确定各排放系统和全厂最大排放量：

（1）全厂最大排放量不考虑所有装置均同时最大排放量；

（2）按一个装置排放量的100%与其余装置排放量的30%计算，以多个计算组合中对排放系统尺寸影响最大的确定排放系统的规模，同时排放系统应能够满足该系统中两个不同装置最大排放单点的总量排放需求；

（3）排放量最大装置排放量的100%与全厂其余装置排放量的30%之和(质量流量)作为确定火炬高度及火炬安全区域的设计排放量；

（4）按上述叠加原则对应的加权平均相对分子质量及加权平均组成作为火炬及管道系统工艺设计的其他设计参数。

二、允许热辐射强度的取值原则

国家现行标准《石油化工可燃性气体排放系统设计规范》SH3009 规定火炬的允许热辐射强度取值原则如下：

(1) 按最大排放负荷计算确定火炬设施安全区域时，允许热辐射强度不考虑太阳热辐射强度。

(2) 按装置开、停工的排放负荷核算火炬设施安全区域，此工况下的允许热辐射强度应考虑太阳热辐射强度。

(3) 厂外居民区、公共福利设施、村庄等公众人员活动的区域，允许热辐射强度应小于等于 1.58kW/m^2。

(4) 相邻同类企业及油库的人员密集区域、石油化企业内的行政管理区域的允许热辐射强度应小于等于 2.33kW/m^2。

(5) 相邻同类企业及油库的人员稀少区域、厂外树木等植被的允许热辐射强度应小于等于 3.00kW/m^2。

(6) 石油化工厂内部的各生产装置的允许热辐射强度应小于等于 3.20kW/m^2。

(7) 火炬检修时其塔架顶部平台的允许热辐射强度不应大于 4.73 kW/m^2。

(8) 火炬设施的分液罐、水封罐、泵等布置区域允许热辐射强度应小于或等于 9.00kW/m^2，当该区域的热辐射强度大于 6.31kW/m^{2}时，应有操作或检修人员安全躲避场所。

国家现行标准《石油化工企业设计防火规范》GB 50160—2008 的条文解释中关于火炬热辐射强度（不包含太阳辐射热）描述如下：

(1) 厂外居民区、公共福利设施、村庄等公众人员活动的区域，火炬热辐射强度应控制在不大于 1.58kW/m^2。

(2) 在热辐射强度 1.58 ~3.2kW/m^{2}的区域可布置设备，如果此区域布置的设备为低熔点材料设备、热敏性介质设备等时，需要考虑热辐射所造成的影响；在热辐射强度大于 3.2kW/m^{2}的区域布置设备时，需要对热辐射造成的影响作出安全评估。

（3）不仅要考虑火炬对地面人员的安全影响，也要考虑对在高塔和构架上操作人员安全的影响。可能受到火炬热辐射强度达到4.73kW/m^2区域的高塔和构架平台的梯子应设置在背离火炬的一侧，以便在火炬气突然排放时操作人员可迅速安全撤离。

三、安全放空系统管网及火炬的设置原则

炼油厂安全放空系统管网及火炬的设置以全厂共用一套或多套为原则，无法排入公用系统的可燃气体应该单独处理。在设计中可以按如下原则确定：

1）根据炼油厂的装置多少、全厂事故排放量大的大小、不同生产装置或系统单元排放压力的高低以及全厂检修的实际需求，通过技术经济比较和装置排放安全分析确定安全放空系统的压力等级和数量；

2）酸性气体应该设置单独的排放系统管网和火炬；

3）为降低全厂安全放空系统管网的建设费用，装置的紧急事故安全阀应该尽量提高排放的允许背压。装置边界处的排放系统管网压力，高压系统可以达到0.4MPa，低压系统不宜低于0.15MPa；

4）装置或系统单元排放低温气体时应该考虑在边界之内将气体温度提高到0℃以上，以确保含有水分的可燃气体排放系统管网不产生冰冻；生产装置排放的可燃气体中不应该含有沥青、渣油、粉末或固体颗粒，对含有C_5^+烃类或蒸汽的可燃性气体排出装置之前必须进行分液处理，除去大于或等于600mm的液滴，炼油厂安全放空系统管网只接受满足燃烧要求的可燃气体；

5）能同时检修的生产装置，应该尽量考虑共用一个火炬；

6）大型炼油、化工一体化项目，应根据生产装置是否同开同停、生产检修组的划分以及事故排放量的大小等具体因素确定炼油和化工区是否分别设置火炬，当火炬筒体采用可拆卸式设计方案时，炼油和化工火炬可共架安装；

7）大型炼油和石油化工厂设置的火炬不宜少于2套。当全

厂可燃性气体排放系统中设置的火炬气回收设施不能完全回收装置正常生产所排放的可燃性气体时，且该排放系统所对应装置组的检修周期大于 2a 的，可设置备用火炬或小型操作火炬。是否设置备用火炬或者小型操作火炬，主要取决于火炬头的寿命；

8）可以排入全厂安全放空系统管网的气体：

（1）生产装置无法利用而必须排出的可燃性气体；

（2）事故泄压或安全阀排出的可燃性气体；

（3）开停工及检修时排出的可燃性气体；

（4）液化石油气泵等短时间间断排出的可燃性气体；

（5）生产装置、容器等排出的有毒有害可燃性气体。

9）不应排入全厂安全放空系统管网，应排入专用的排放系统或另行处理的气体：

（1）能与可燃性气体排放系统内的介质发生化学反应的气体；

（2）易聚合、对排放系统管道的通过能力有不利影响的可燃性气体；

（3）氧气含量大于 2%(体积分数)的可燃性气体；

（4）剧毒介质(如氢氰酸)或含有腐蚀性介质(如酸性气)的气体；

（5）在装置内处理比排入全厂可燃性气体排放系统更经济、更有利于安全的可燃性气体；

（6）最大允许排放背压较低，排入全厂可燃性气体排放系统存在安全隐患的气体。

10）全厂只有个别装置排放少量剧毒介质或含有腐蚀性介质的气体时，宜在装置内设处理设施。

四、火炬气回收系统的设置原则

在炼油厂的设计过程中通过物料平衡的分析计算，可以做到理论上正常生产时不存在大量排放可燃气体的工况。但实际生产过程中，由于装置运行的波动、设备上安全阀及泄压控制阀的泄漏等原因造成大量的可燃性气体排放，统计表明国内新建的千万吨级炼油厂可燃性气体排放量在 5000m^3/h 左右，由老厂扩建的千万吨级炼油厂可燃性气体排放量较大者接近 10000m^3/h。因此炼油厂应该考虑设置可燃性气体回收设施。

在火炬气回收系统的设置上通常考虑以下几点：

(1) 回收可燃性气体的气柜优先采用干式气柜；

(2) 正常生产时，排放系统的可燃性气体排放总量小于 5000Nm^3/h 时，选用 1 个 15000～20000 m^{3}气柜；可燃性气体排放总量等于或大于 5000Nm^3/h 时，选用 1 个 20000～30000 m^{3}气柜；

(3) 炼油厂应该首选气柜加压缩机的回收可燃性气体工艺，以达到环保和节约能源的目的；

(4) 可燃性气体回收设施设置的压缩机不宜少于 2 台，每台压缩机排气量不宜小于 30Nm^3/min；

(5) 可燃性气体回收设施必须设置安全保护控制系统。通常在回收支线阀前的火炬气排放总管上设温度和压力检测仪表，温度和压力检测仪表应与气柜进气控制阀门自动联锁，当进气柜的可燃性气体温度或压力达到限值时应能自动关闭进气控制阀门。气柜设置高度检测仪表，该检测仪表应与气柜进口总管道控制阀门联锁和压缩机排气管道控制阀门联锁，当活塞(或活动盖顶)达到高限值时，应能自动关闭气柜进气管道控制阀门；当活塞(或活动盖顶)达到低限值时，应能自动停压缩机。

第二节　安全放空系统的工艺设计

一、放空系统管网的水力计算

放空系统管网是一个末端开放的系统，系统中气体流动的阻力是由火炬头出口累积到每个排放点的，因此该系统的水力计算应从火炬头开始，反算全厂可燃性气体排放系统管网装置边界处的各节点的排放背压，以校核各节点的背压是否低于允许背压；管道摩阻损失采用式(9-1)[10]计算。

$$\frac{fL}{d}=\frac{1}{M_{a}^{2}}\left(\frac{p_1}{p_2}\right)^2\left[1-\left(\frac{p_2}{p_1}\right)^2\right]-\ln\left(\frac{p_1}{p_2}\right)^2 \tag{9-1}$$

式中 f——水力摩擦系数；

L——管道当量长度，m；

d——管道内径，m；

M_a——管道出口马赫数；

p_1——管道入口压力(绝)，kPa；

p_2——管道出口压力(绝)，kPa。

水力摩擦系数按式(9-2)[10]计算：

$$f=0.0055\left[1+\left(20000\frac{e}{d}+\frac{10^6}{Re}\right)^{\frac{1}{3}}\right] \tag{9-2}$$

式中 e——管道绝对粗糙度，m；

Re——雷诺数。

管道出口马赫数按式(9-3)计算：

$$M_a=3.23\times10^{-5}\frac{q_m}{p_2d^2}\left(\frac{ZT}{kM}\right)^{0.5} \tag{9-3}$$

式中 q_m——气体质量流量，kg/h；

Z——气体压缩系数；

k——排放气体的绝热指数；

T——绝对温度，K；

M——气体相对分子质量。

如果管网处于高压状态，局部管网的流速可能达到音速，应采用式(9-4)校核流动是否处于临界状态[10]。

$$p_{\text{critical}}=3.23\times10^{-5}\frac{q_m}{d^2}\left(\frac{ZT}{kM}\right)^{0.5} \tag{9-4}$$

判断：$p_{critical} < p_2$ 亚音速流动状态；

$p_{critical} \geqslant p_2$ 音速流动状态，此时 $p_2 = p_{critical}$。

式中　$p_{critical}$——临界压力(绝)，kPa。

整个排放管网的临界流速最好控制在0.7马赫数以下，可能出现凝结液的可燃性气体排放管道末端的马赫数不宜大于0.5。

二、火炬分液罐计算

1. 卧式分液罐的尺寸计算

卧式分液罐的直径按式(9-5)[14]通过试算确定，当满足 $D_{sk} \leqslant D_k$ 时，假定的 D_k 即为卧式分液罐的直径。

$$D_{sk} = 0.0115 \times \sqrt{\frac{(a-1)q_v T}{(b-1)pkU_c}} \tag{9-5}$$

卧式分液罐进出口距离按式(9-6)计算。

$$L_k = kD_k \tag{9-6}$$

液滴沉降速度按式(9-7)计算。

$$U_c = 1.15 \times \sqrt{\frac{gd_1(\rho_1 - \rho_v)}{\rho_v C}} \tag{9-7}$$

罐内液体截面积与罐总截面积比值 b 按式(9-8)计算。

$$b = 1.273 \times \frac{q_1}{kD_k^3} \tag{9-8}$$

罐内液面高度与罐直径比值 a 可按式(9-9)计算。

$$a = 1.8506b^5 - 4.6265b^4 + 4.7628b^3 - 2.5177b^2 + 1.4714b + 0.0297 \tag{9-9}$$

液滴在气体中的阻力系数 C 根据 $C(Re)^2$ 由图9-1查得，$C(Re)^2$ 按式(9-10)计算。

$$C(Re)^2 = \frac{1.307 \times 10^7 d_1^3 \rho_v (\rho_1 - \rho_v)}{\mu^2} \tag{9-10}$$

式中　D_k——假定的分液罐直径，m；

D_{sk}——试算的卧式分液罐直径，m；

L_k ——气体入口至出口的距离，m；

U_c ——液滴沉降速度，m/s；

q_v ——入口气体流量，Nm^3/h；

q_l ——分液罐内储存的凝结液量，m^3；

T ——操作条件下的气体温度，K；

p ——操作条件下的气体压力(绝)，kPa；

k ——系数，取 2.5~3；

g ——重力加速度，取 $9.81m/s^2$；

d_1 ——液滴直径，m；

ρ_l ——液滴的密度，kg/m^3；

ρ_v ——气体的密度，$\rho_v = \frac{1000Mp}{RT}$［$R$ 气体常数，取 8314 N·m/(kg·K)］，kg/m^3；

M ——气体相对分子质量；

μ ——气体的动力黏度，10^{-3}Pa·s(cP)；

2. 卧式分液罐直径的核算

按式(9-5)计算出卧式分液罐的直径后，应当对其进行核算，国内现行的标准以及 API521 等均没有提出核算的要求，其实这是一个严重的失误，工程实践中已经发生过并证明上述计算的缺陷。国外某公司的标准中就明确给出分液罐和水封罐内气体流速应小于或等于 7.8m/s 的规定。除此之外，卧式分液罐内最高液面之上气体流动的截面积(沿罐的径向)应大于或等于入口管道横截面积的 3 倍。

3. 立式分液罐的直径的核算

立式分液罐的直径按式(9-11)[14]计算。

$$D_k = 0.0128 \times \sqrt{\frac{q_v T}{pU_c}} \qquad (9-11)$$

式中符号意义同前。

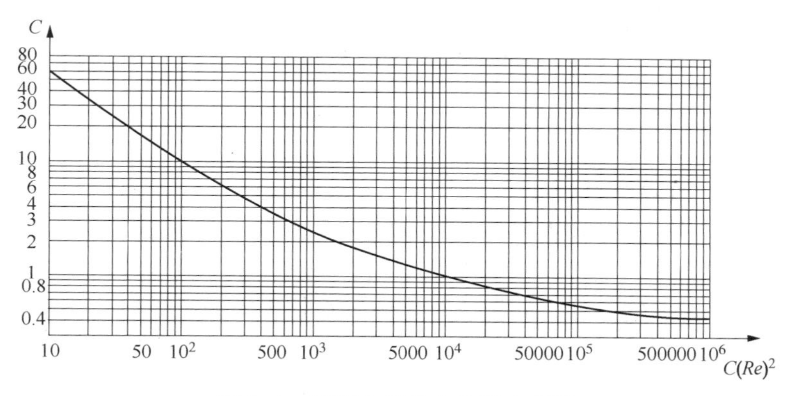

图 9-1　液滴在气体中的阻力系数

三、火炬水封罐计算

1）卧式水封罐的尺寸可按式(9-12)[14]试算确定，当满足 $D_{sw} \leqslant D_w$ 时，假定的 D_w 即为水封罐的直径；水封罐气体进出口距离按式(9-14)计算。

$$D_{sw} = 0.0115 \times \sqrt{\frac{(a-1)q_v T}{(b-1)pkU_c}} \qquad (9-12)$$

罐内液体截面积与罐总截面积比值 b 按式(9-13)计算。

$$b = -1.2305a^5 + 3.0761a^4 - 3.8174a^3 + 2.65a^2 + 0.3294a - 0.0038 \qquad (9-13)$$

$$L_w = kD_w \qquad (9-14)$$

式中　D_w ——假定的水封罐直径，m；

D_{sw} ——试算的水封罐直径，m；

L_w ——气体入口至出口的距离，m；

a ——罐内液面高度与罐直径比值($a = h/D_w$)；

h ——用于防止回火工况设置的水封液面高度，m；

q_v ——入口气体流量(对于中间进两端出的卧式罐取总流量的一半)，Nm^3/h。

按式(9-14)计算出卧式水封罐的直径后，应遵循上述提及的要求对其进行核算。

2）立式水封罐的直径按式(9-15)[14]计算。

$$D_w = 0.0128 \times \sqrt{\frac{q_v T}{p U_c}} \tag{9-15}$$

3）有效水封高度

水封罐的有效水封高度按式(9-16)计算，并满足如下要求：

(1) 能满足排放系统在正常生产条件下有效阻止火炬回火，并确保排放气体在事故排放时能冲破水封排入火炬；

(2) 对于含有大量氢气、乙炔、环氧乙烷等燃烧速度异常高的可燃性气体，水封高度应大于等于300mm；

(3) 对于密度小于空气的可燃性气体，水封高度应大于等于200mm；

(4) 对于密度大于等于空气的可燃性气体，水封高度应大于等于150mm。

$$h_w \geqslant \frac{p_1}{g} - \frac{3.30826 \times (8361.4 - H)}{g T_a} - \frac{p h \bar{M}}{R T} \tag{9-16}$$

式中 h_w——水封高度，m；

H——火炬头出口至地面的垂直距离，m；

h——火炬水封液面至火炬头出口的垂直距离，m；

p——火炬头出口处的压力(绝)，kPa；

p_1——水封前管网需保持的压力(绝)，kPa；

T——可燃性气体的操作温度，K；

T_a——环境日平均最低温度，K；

$\bar{M}$——可燃性气体的平均相对分子质量。

其他符号的意义及单位同前。

四、火炬头出口有效截面积及火炬筒体直径计算

1）火炬头出口有效截面积按式(9-17)计算[14]。

$$A = 3.047 \times 10^{-6} \times \frac{q_m}{\rho M_a} \times \sqrt{\frac{\bar{M}}{kT}} \quad (9-17)$$

式中　A ——火炬头出口有效截面积，m^2；

q_m ——排放气体的质量流量，kg/h；

ρ ——操作条件下气体密度，kg/m^3；

M_a ——火炬头出口马赫数；

$\bar{M}$ ——排放气体的平均相对分子质量；

k ——排放气体的绝热指数；

T ——排放气体的温度，K。

2）火炬筒体直径应由压力降计算确定。

不同压力的排放管道接至同一个火炬筒体时，应核算不同压力系统同时排放的工况，保证压力较低系统的排放不受阻碍。确定火炬筒体直径时还要考虑火炬头的实际直径大小（公式9-17得到的面积是没有计算消烟蒸气管等附加值的），火炬筒体直径应该大于等于火炬头的实际直径。

五、火炬高度计算

火炬高度必须满足受热点的允许热辐射强度和现行国家标准《制定地方大气污染物标准的技术方法》GB/T 3840 的要求。国家现行标准《石油化工可燃性气体排放系统设计规范》SH 3009—2013 中给出的计算方法如下：

1）火焰产生的热量按式（9-18）[14]计算。

$$Q_f = 2.78 \times 10^{-4} H_y q_m \quad (9-18)$$

式中　Q_f ——火焰产生的热量，kW；

H_y ——排放气体的低热值，kJ/kg；

q_m ——排放气体的质量流量，kg/h。

2）火焰长度：

当火炬头出口气体马赫数 $M_a \geq 0.2$ 时按式（9-19）[14]计算。

$$L_f = 120 D_{fl} \quad (9-19)$$

当火炬头出口气体马赫数 $M_a < 0.2$ 时按式(9-20)[17]计算。

$$L_f = 23D_{fl}\ln(M_a) + 155D_{fl} \qquad (9-20)$$

式中 L_f ——火焰长度，m；

D_{ft} ——火炬头出口直径，m。

3）火炬高度按式(9-21)[14]计算。

$$h_s = \sqrt{\frac{\varepsilon Q_f}{4\pi K} - \left(X - \frac{L_f}{3}\sin\varphi\right)^2} - \frac{L_f}{3}\cos\phi + h_t \qquad (9-21)$$

$$v_e = M_a \times \sqrt{\frac{kRT}{\bar{M}}} \qquad (9-22)$$

$$\phi = \tan^{-1}\frac{v_w}{v_e} \qquad (9-23)$$

式中 h_s ——火炬高度，m；

ε ——热辐射系数取0.2；

ϕ ——火焰倾斜角，(°)；

X ——最大受热点到火炬筒中心线的水平距离，m；

h_t ——最大受热点到地面的垂直距离，m；

v_w ——火炬出口处风速，m/s；

v_e ——排放气体出口速度，m/s。

六、火炬气回收的工艺设计

火炬气回收的工艺设计应该遵循以下原则：

(1) 火炬气回收系统不能破坏全厂安全放空系统的开放性，必须确保紧急事故排放的可燃气体随时都能进入火炬燃烧；

(2) 只回收正常生产排放的可燃性气体，紧急事故排放的可燃气体直接进入火炬燃烧；

(3) 必须避免空气倒流进入火炬系统；

(4) 根据火炬排放气体的特性确定是否回收，例如，酸性气、剧毒以及高惰性气体含量的可燃气体不应该回收；

(5) 如果回收气体中含有高浓度的氢气则不宜作为燃料使

用，可以提取氢气加以利用；如果回收气体适于作为燃料使用，应当根据回收气体中硫含量的多少确定是否需要进行脱硫处理后进入燃料气系统；

（6）炼油厂正常生产时装置排放的火炬气量波动范围很大，因此火炬气回收设施的回收能力应该按照一定时间内正常生产时装置排放可燃气体量的平均值确定；

（7）为满足火炬气回收系统所需的管网压力，最安全可靠的方法是使用水封阀组或采用提高火炬水封罐内的水封高度。设计上应当尽量避免使用切断阀的方法来提高回收所需的管网压力。

火炬气回收工艺流程：

火炬气回收工艺分为压缩机在线回收工艺和气柜压缩机组合回收工艺两种。

压缩机在线回收可燃气体工艺通常是由 1 台或多台压缩机、压缩机入口分液罐、压缩机负荷控制系统和压缩机紧急停车系统等组成，压缩机直接从火炬气总管上抽吸可燃性气体，经过压缩机升压后的气体应该视其组成送至装置或全厂燃料气系统。

压缩机在线回收可燃气体系统的接出点，应当设置在所有装置下游的火炬气总管上。这种工艺的优点是投资少，其缺点是不能完全回收正常生产过程中装置排放的可燃气体，安全性较差。其典型的工艺流程见图 9-2。

气柜压缩机组合回收可燃气体工艺系统，是由 1 台或多台气柜、压缩机、压缩机入口分液罐、压缩机负荷控制系统和压缩机紧急停车系统等组成。压缩机从气柜中抽吸可燃性气体，经过压缩机升压后的气体应该视其组成送至装置或全厂燃料气系统。

气柜压缩机组合回收可燃气体工艺系统通常设置在火炬水封罐前，其检测是否发生事故排放的温度仪表和压力仪表应该设置在火炬气回收支线前的火炬气干管上，检测点距离支线的距离越远越好，但必须设在所有装置汇合点之后。

该回收工艺的优点是能够完全回收正常生产过程中装置排放的可燃气体，安全可靠；其缺点是投资较大。其典型的工艺流程

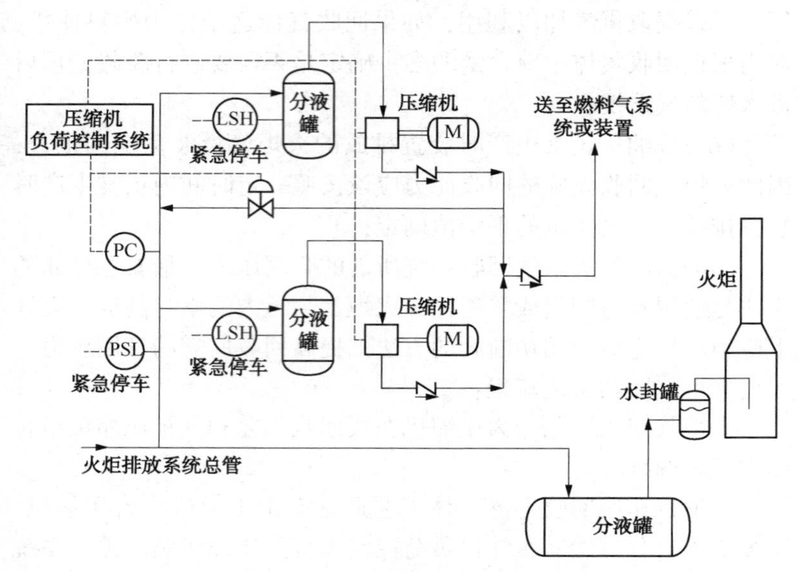

图 9-2 典型的压缩机在线回收可燃气体工艺流程

见图 9-3。

七、放空系统的本质安全设计

在设计上，对放空系统的本质安全应当注意以下几点：

（1）全厂可燃性气体排放系统管网应该维持一定的正压，其正压力不低于 1kPa。

（2）当可燃性气体排放温度大于 60℃时，水封罐之前的可燃性气体排放管道应按现行国家标准《压力容器 第 3 部分：设计》GB150.3 进行抗外压设计，最大外压应大于或等于 30kPa；

（3）全厂可燃性气体排放系统管网热补偿应采用自然补偿，且补偿器宜水平安装；

（4）一个排放系统或多个排放系统同时共用两个或两个以上火炬时，每个火炬之间必须设置水封罐，且应保证水封罐内的水位满足防止回火的要求；

（5）虽然火炬正常燃烧时筒体内的操作压力很低，甚至有时

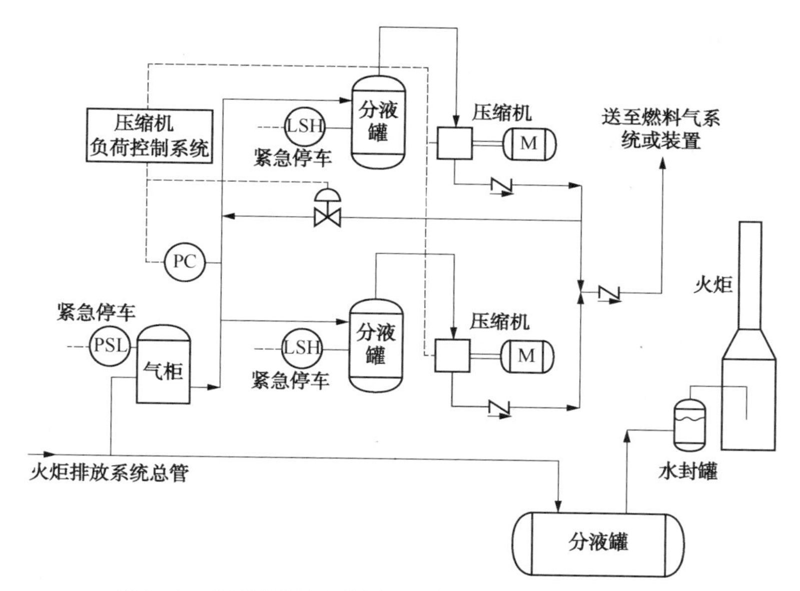

图 9-3 典型的气柜压缩机组合回收可燃气体工艺流程

还存在微负压，但火炬筒体和水封罐的设计压力不应小于 0.7MPa，不考虑负压工况；

（6）水封罐内的有效水封水量应至少能够在可燃性气体排放管网出现负压时，满足水封罐入口立管 3m 充满水量，实际设计中是否是 3m 高的立管要根据排放气体的温度等参数进行负压核算，3m 高的立管是标准中规定的最小值；

（7）水封罐应设置 U 形溢流管且不得设切断阀门，U 形溢流管顶部设无阀门破真空接管，溢流管的水封高度应大于等于 1.75 倍水封罐内气相空间的最大操作压力(表)，溢流管直径最小为 DN50。其高点处管道下部内表面应与要求的水封液面处于同一高程；

（8）水封罐溢流补水量应使用限流孔板限制，流量不大于 U 形溢流管自流能力的 50%；

（9）防止回火的吹扫气体供给量应使用限流孔板控制，不得采用阀门控制流量[10]；

（10）气柜顶部的排气管应设水封装置或安装阻火器。

第三节　安全放空系统的配管设计

一、管道的布置要求

1. 安全放空系统管道必须设有坡度

火炬气不同于一般气体物料，管网的存液直接影响管网的安全运行。火炬气主干管最好全部坡向火炬区内的分液罐或水封罐。如确实有困难时，可在主干管的适当位置设最低点，最低点处应设分液罐和转送设施。火炬主干管的坡度以不小于2‰为宜。

2. 阀门的安装

为了保证工厂各种工况（如个别装置开、停车或发生事故，其他装置维持正常生产或进行检修）下的运行，宜在各装置排出火炬气的管道上设切断阀及盲板。如果厂区管网很大，跨越几个界区，而每个界区又由几个装置组成，界区有隔断要求时，也应设切断阀。所有阀门上都应设有阀门所处位置（即开、关或开的程度）的标志，阀门应当保持阀杆水平安装或选用火炬专用阀。

3. 配管要求

在配管设计中，应注意以下几点：

1）管道节点的处理。

为了避免火炬气总管内的冷凝液进入支管影响装置火炬气体的正常排放，各生产装置出口支管与主管的连接应采用上接，当支管管径小于干管管径2级以上时可以平接。同时，为了减少接管处局部阻力，有利于各种工况排放时管网水力工况平衡，在支管与主管相接时，应尽量避免丁字接或对接，支管与主管中心线应成30°~45°角斜插进。这样不仅可降低高速气流进入主管的冲击力，并可减小流动阻力；

2）管道公称直径大于等于 DN600 时，不论是否保温均应设管托或垫板；管道公称直径大于等于 DN800 时，滑动管托或垫板应采用聚四氟乙烯摩擦副型；为防止管道有震动、跳动，应当在适当位置采取全径向限位措施；

3）火炬气排放管网应架空敷设。

4. 管道的保温及防腐

1）火炬气管网一般不进行保温，但在管网输送过程中，由于热损失而有大量凝液析出时，或冬季最冷月液体的析出量影响管网正常运行时，可根据具体运行条件采用保温层保温或蒸汽伴热管保温。

设伴热管保温时，应注意由于伴热可能引起火炬气温度升高，要防止由于温升而引起火炬气的化学反应的产生。

2）防腐。

火炬气管网的防腐，与一般管道一样，并无特殊要求。对于含硫化氢的火炬气，可考虑加厚管壁厚度并保温伴热(温度不应超过 200℃)，也可以选用抗硫化氢的材料。

二、管道的器材选用

管材的选择主要根据工厂各种生产事故下，管内可能达到的最不利参数(压力和温度等)对管材性能的影响来确定。炼油厂火炬气管道的压力一般都低于 1.0MPa，火炬气最高温度一般不高于 300℃，因此，管材的选取主要决定于火炬气可能达到的最低温度。

通常建议采用的管材为：火炬气最低温度低于-40℃时，用“07Gr19Ni11Ti”不锈钢，-40 ～-20℃之间时可用“16Mn”钢，高于-20℃时，可用碳钢。如果总管与总管相接或总管与支管相接，其接头处材质取两者材质高者，其材质在上游至少要有 5m。

三、管道固定点的设置与应力分析

火炬气排放管网在正常情况下几乎是按常温常压运行，但由于其直径大，刚性大，即使较小的位移，对管架和所连接的设备也将产生很大的推力，因此火炬管道每隔一定距离需设置冷、热补偿，每个补偿之间需设置固定点。

国家现行标准《石油化工企业燃料气系统和可燃性气体排放系统设计规范》SH3009 中规定，有凝结液的可燃性气体排放管道对固定管架的水平推力取值，不应小于表 9-1 的数值。当固定管架上有几根有凝结液的可燃性气体排放管道时，水平推力的作用点应分别考虑，推力值不应叠加。

表 9-1　固定管架水平推力

管道公称直径/mm	固定管架的推力/t
200	1.9
250	2.3
300	3.2
400	5.7
500	9.0
≥600<1000	13.0
≥1000	15.0

对管网运行情况进行热、冷变形分析，合理确定 p 形补偿器的尺寸，火炬气排放管网的冷/热补偿不应使用套筒式或波纹管式补偿器。

在热补偿计算中，计算数据的选取应注意以下几点。

1. 管道计算温度的选择

一般火炬气排放管网的温度为-40~300℃，管道的计算温度应以管网排放过程中可能出现的最高(或最低)温度为管道的计算温度。

2. 周围空气计算温度的选择

热补偿计算时，以历年最冷月平均温度作为计算温度(也可用采暖计算温度)。冷补偿计算时，以历年最高月平均温度作为计算温度。

3. 计算压力的选择

理论上应取上述计算温度的运行工况下，管内可能达到的最高压力。在工程设计中，可近似地取各种运行工况下管道内可能达到的最高压力。

第四节　安全放空系统的自动控制

一、放空系统管网及火炬的自动控制要求

（1）炼油厂安全放空系统中排放的可燃气体通常都具有温度较高的特点，因此为防止系统管网在骤冷时产生负压，有必要设置管网压力检测和自动补压设施，一般宜设置 2 ~3 组。

（2）分液罐应设置液位计、液相温度计、压力表、高低压和高低液位报警，设置低液位联锁停泵控制回路，设置凝结液输出温度超高联锁控制回路使其送出温度不宜超过 70℃。

（3）水封罐应设液位、温度、压力仪表和高液位报警，最冷月平均温度低于 5℃时，水封罐应采取温度控制的蒸汽或电加热防冻措施。

（4）可燃性气体排放温度大于 100℃时，水封罐应设低液位报警及自动补水措施，保持水封水量。

（5）长明灯应设温度检测仪表，温度信号与点火器联锁。

（6）长明灯燃料气供气管道干管上应设压力调节阀，燃料气源的压力应大于或等于 0. 35MPa，压力调节阀后的压力通常稳定在 0. 2MPa。

（7）地面火炬各分级管道上压力开关阀宜选用金属硬密封蝶阀，控制系统除应具有逐级开启的功能外，尚应具有跨级开启的功能[16]，其开启时间不宜大于 1s。各分级管道上压力开关阀和旁路上爆破针阀的泄漏等级不应低于 ANSI Ⅴ级。

二、火炬气回收设施的自动控制要求

（1）在回收支线阀前的火炬气排放总管上设温度和压力检测仪表。温度和压力检测仪表应与气柜进气控制阀门自动联锁，当

进气柜的可燃性气体温度或压力达到限值时应能自动关闭进气控制阀门。

（2）气柜应设置高度检测仪表，该检测仪表应与气柜进口总管道控制阀门联锁，和压缩机排气管道控制阀门联锁。当活塞（或活动盖顶）达到高限值时，应能自动关闭气柜进气管道控制阀门；当活塞（或活动盖顶）达到低限值时，应能自动停压缩机。

第十章　空分装置的设计

第一节　空分装置的设计原则

一、空分装置的布置和吸气条件

1）空分装置的布置，应符合下列规定：

（1）空分装置的布置应满足现行国家标准《氧气站设计规范》GB50030 的规定；

（2）布置在空气洁净，并靠近氮气、氧气最大用户处；

（3）与全厂的布置统一协调，并留有扩建的可能；

（4）避免靠近散发爆炸性、腐蚀性和有毒气体以及粉尘等有害物场所，并应考虑周围企业（或装置）改建或扩建时对空分装置安全带来的影响；

（5）对空分装置的压缩机、消声器等设备产生的噪声、振动有防护要求的场所，采取必要的防护措施，使其符合现行国家标准《工业企业总平面设计规范》GB 50187 和《工业企业噪声控制设计规范》GBJ87 的有关规定。

2）空分装置空气吸入口吸气条件应满足表 10-1 的规定[19]。

表 10-1　空分装置吸气条件

杂质名称	CH_4	C_2H_6	C_2H_4	C_2H_2	C_3H_6	C_3H_8	C_4	总烃	氮氧化物	CO_2	机械杂质
含量/10^{-6}	<3.0	<0.1	<1.0	$<500\times10^{-9}$	<0.1	<0.1	<0.1	<8.0	$<1000\times10^{-9}$	按设计值	$<30mg/m^3$

二、空分装置规模和产品规格的确定

1）只生产氮气的空分装置，其规模(Nm³/h)宜按下列氮气用量之和确定：

（1）全厂各生产装置及辅助设施的正常用量(连续用量)；

（2）1个或2个氮气主要用户的最大用量(间断用量)与其正常用量的差值。

2）同时生产氧气和氮气的空分装置，其规模(Nm³/h)宜按全厂各使用氧气的生产装置和辅助设施的最大用量确定。

3）产品氮气(液氮)的纯度及压力，应符合下列规定：

（1）空分装置生产氮气(液氮)的纯度应符合用户要求。采用空气分离制取的氮气分为三级，工业用气态氮：其氮含量(体积分数)大于或等于98.5%；纯氮：其氮含量(体积分数)大于或等于99.99%；高纯氮：其氮含量(体积分数)大于或等于99.999%。但用户对氮气纯度要求不宜高于99.999% N_2(体积分数)、O_2不大于10μL/L；

（2）氮气在空分装置界区处的压力，应根据用户的要求经过系统水力计算后分别确定各压力等级下氮气出界区压力；

（3）液氮的储存压力参见本章第二节设备选择的技术要求三、备用低温液体贮槽的选型。

4）产品氧气(液氧)的纯度及压力，应符合下列规定：

（1）空分装置生产氧气(液氧)的纯度应符合用户要求。采用空气分离制取的氧气分为三级，工业用工艺氧：氧含量(体积分数)一般小于98%；工业用气态氧：氧含量(体积分数)大于或等于99.2%；高纯氧：氧含量(体积分数)大于或等于99.995%；

（2）氧气出空分装置界区的压力应经过系统水力计算后分别确定各压力等级下氧气出界区压力；

（3）液氧的储存压力参见本章第二节设备选择的技术要求三、备用低温液体贮槽的选型。

三、氧气和氮气的储存

1. 氮气的储存

1）全厂各生产装置及辅助设施连续用氮量与间断用氮量（开、停工用氮量及正常生产间断用氮量）相差较大时，为满足间断用户的用氮量的要求，宜设置一定储量的氮气储存设施，空分设备的设计容量应与氮气储罐容量统一考虑，并应符合下式要求：

$$QT_1 + V_1 \geqslant V_2 \tag{10-1}$$

$$QT_2 \geqslant V_1 \tag{10-2}$$

式中 Q——空分设备单位时间内的产氮量减去空分设备自耗氮量与全厂连续用氮量之和后可供储存的氮气量，Nm^3/h；

V_1——按开工用量的需要计算的储罐容量，m^3

V_2——次开工用氮量最大的装置的开工用氮量，Nm^3；

T_1——次开工用氮量最大的装置的开工用氮时间，h；

T_2——间断用户之间最短的用氮间隔时间，h。

2）氮气储罐的容量除应满足1)要求外，还应保证空分设备小修及空分设备故障时用户用氮的需要。设计选定的储罐容量应取按式(10-1)和式(10-2)分别计算储罐容量的最大值。

3）氮气的储存采用低温液氮贮槽或中压气体储罐，应在技术经济比较的基础上选择合理的储存方式。

4）当选择中压气体储存时，储罐宜选择球罐，容积可按下式计算：

$$V = \frac{Q \times t \times P_0}{P_1 - P_2} \tag{10-3}$$

式中 V——储罐容积，m^3；

Q——用气量，Nm^3/min；

P_0——大气压(绝压)，kPa；

P_1——气体入储罐压力(绝压)，kPa；

P_2——使用压力(绝压)，kPa；

t——非正常用量的用气时间，min。

5）当选择低温液氮贮槽时，贮槽容积应按下式计算：

$$V_{N_2}=\frac{Q\times t}{V_n\times K} \quad (10-4)$$

式中 V_{N_2}——贮槽容积，m^3；

Q——氮气用量，Nm^3/h；

t——非正常用量的持续时间，h；

K——贮槽充满率；

V_n——在操作条件下，$1m^3$液氮汽化为标准状态下气氮的体积，Nm^3/m^3，见表10-2。

表10-2 饱和液氮性质

温度 T/K	饱和压力或蒸气压力 P_{sat}/kPa	密度 ρ_f/(kg/m^3)	定压比热容 C_p/[kJ/(kg·K)]	黏度 μ/μPa·s	热导率 K/[mW/(m·K)]	蒸发潜热 h_{fg}/(kJ/kg)	标准状态下气体的体积 V_n/(Nm^3/m^3)
65	17.4	860.9	2.008	278	158.7	214.0	688.7
70	38.5	840.0	2.024	220	149.9	208.3	672
75	76.0	818.1	2.042	173	143.9	202.3	654.5
77.36	101.3	807.3	2.051	158	139.6	199.3	645.8
80	136.7	795.1	2.063	141	136.2	195.8	636.1
85	228.4	771.0	2.088	119	129.3	188.7	616.8
90	359.8	745.6	2.122	104	122.4	180.9	596.5
95	539.8	718.6	2.170	93	115.5	172.0	574.9
100	777.8	689.6	2.240	85	108.5	161.6	551.7
105	1083.6	657.7	2.350	78	101.1	149.4	526.2
110	1467.2	621.7	2.533	73	93.6	135.0	497.4
115	1939.4	579.3	2.723	68	84.7	117.3	463.4
120	2512.9	524.9	2.920	65	74.6	94.3	419.9
125	3204.4	436.8	3.124	62	61.5	54.9	349.4

2. 氧气的储存

1）生产氧气的空分装置可设置氧气储存设施，在空分设备小修及故障时保证用户的正常生产。

2）氧气储存量可根据空分设备小修及故障排除时间合理确定。

3）氧气储存宜采用低温液体贮槽，容积可按下式计算：

$$V_{O_2} = \frac{Q \times t}{V_n \times K} \quad (10-5)$$

式中 V_{O_2}——贮槽容积，m^3；

Q——氧气用量，Nm^3/h；

t——非正常用量的持续时间，h；

K——贮槽充满率；

V_n——在操作条件下，$1m^3$液氧汽化为标准状态下气氧的体积，Nm^3/m^3，见表10-3。

表10-3 饱和液氧性质

温度 T/K	饱和压力或蒸气压力 P_{sat}/kPa	密度 ρ_f/(kg/m³)	定压比热容 C_p/[kJ/(kg·K)]	黏度 μ/μPa·s	热导率 K/[mW/(m·K)]	蒸发潜热 h_{fg}/(kJ/kg)	标准状态下气体的体积 V_n/(Nm³/m³)
60	0.73	1281.7	1.660	580	187.2	238	897.2
70	6.22	1236.7	1.666	358	176.4	231	865.7
80	30.09	1190.3	1.680	248	164.5	223	833.2
90.18	101.3	1141.0	1.695	190	151.4	213	798.7
100	254.2	1090.7	1.720	152	138.0	203	763.5
110	543.4	1035.4	1.749	127	124.2	190.3	724.8
120	1021.6	974.0	1.810	113	110.0	174.4	681.8
130	1747.8	902.8	1.932	106	95.4	152.8	632
140	2786.5	813.1	2.170	101	80.0	126.4	569.2
150	4219.0	675.4		95	63.8	79.8	472.8

第二节　设备选择的技术要求

一、空气分离成套设备型号的确定

（1）只生产氮气的空分装置，应采用全低压流程的 KDN 型空分设备；

（2）同时生产氧气和氮气的空分装置，当主要用户的氧气/氮气使用量小于 10000Nm^3/h 时，可采用全低压外压缩流程的 KDON 型空分设备。当主要用户的氧气/氮气使用量大于或等于 10000Nm^3/h 时，宜采用全低压液氧内压缩流程空分设备。

（3）当采用多套空分设备时，空分设备型号应一致。

二、配套压缩机的选型

1）空气压缩机的选择按下列规定：

（1）当排气压力在 0.6MPa（表）左右，加工空气量小于 6000Nm^3/h 时，宜选用往复式（无油润滑）压缩机或无油螺杆压缩机；加工空气量大于或等于 6000Nm^3/h 时，应选用离心式压缩机；

（2）往复式压缩机应设置备用机，且应采用相同型号；离心式压缩机不宜设置备用机。

2）设置氮气压缩机，其型号和台数应根据用户的压力、用氮量和用氮特点进行选择，宜按下列规定：

（1）排气压力为 0.8~3.0MPa（表）的氮压机，当排气量大于或等于 6000Nm^3/h 时，应选用离心式压缩机。当排气量小于 6000Nm^3/h 时，宜选用往复式（无油润滑）压缩机或无油螺杆式压缩机；

（2）应根据全厂用氮量特点确定压缩机台数，但相同压力等级不宜超过 2 台，且单台排气量不应低于全厂该压力等级氮气的正常用量；设置多台压缩机时，相同压力等级应采用相同型号。

3）设置氧气压缩机，应符合下列规定：

（1）排气压力0.8~3.5MPa(表)的氧气压缩机，当排气量小于或等于10000Nm³/h时，宜选用往复式(无油润滑)或往复式迷宫密封压缩机；当排气量大于或等于6000Nm³/h时，宜选用离心式或往复式迷宫密封压缩机；

（2）往复式(无油润滑)压缩机应设置备用机，且型号应相同；离心式和往复式迷宫密封压缩机不宜设置备用机。

三、备用低温液体贮槽的选型

（1）液氧贮槽的型式应根据储量和用户的使用压力确定。当液氧储量小于或等于300 m³，且使用压力不大于1.2MPa(表)时，宜采用压力贮槽。当液氧储量大于300 m³或使用压力大于1.2MPa(表)时，应采用常压贮槽。

（2）液氮贮槽的型式应根据储量确定。贮槽小于或等于300m³时，宜采用压力贮槽，大于300m³应采用常压贮槽。

第三节　液氩的生产

一、设置液氩生产功能的原则

（1）同时生产氧气和氮气的空分装置，在空分成套设备选型时可考虑增加产氩气功能。

（2）当生产氩气主要用于对外销售时，需先进行市场分析，并经技术经济比较可行后实施。

二、氩气的生产和储存方式

（1）生产氩气应采用全精馏无氢制氩工艺流程，直接生产液氩产品。

（2）储存液氩应采用低温液体贮槽。贮槽小于或等于300

m^3时，宜采用压力贮槽，大于300m^3应采用常压贮槽。

（3）液氩贮槽开/停车和正常装卸时的自蒸发气体不应放空，宜设置回收精制设施。

参 考 文 献

[1] 李征西，徐思文主编．油品储运设计手册．北京：石油工业出版社，1997

[2] 许行主编．油库设计与管理．北京：中国石化出版社，2009

[3] 赵广明，赵广耀．储运系统油气回收问题的探讨．炼油设计，2001，31(8)：53~55

[4] 固定式压力容器安全技术监察规程．TSG R0004—2009

[5] 安全阀 一般要求．GB/T 12241—2005

[6] 石油化工储运系统罐区设计规范．SH/T 3007—2014

[7] 压力容器 第一部分：通用要求．GB 150. 1—2011

[8] 石油化工码头装卸设计规范．JTS 165—8—2007

[9] 石油化工企业设计防火规范．GB 50160—2008

[10] 赵广明．车用乙醇汽油调合及储运问题的探讨．炼油设计，2002，32(2)：44~46

[11] 输油管道设计与管理．东营：石油大学出版社，1986

[12] 石油化工可燃性气体排放系统设计规范．SH 3009

[13] 赵广明．轻油罐车卸车方案探讨．石油商技，2000，18(2)：21~25

[14] G. R. KENT. Practical Design of Flare Stacks. Hydrocarbon Processing and Petroleum Refiner，1964

[15] 张德姜等．石油化工装置工艺管道安装设计手册．北京：中国石化出版社，1998

参考文献